中国通信学会 5G+ 行业应用培训指导用书

U0156413

区块链应用

主　编　王思远　张博文　马　扬

副主编　李星娴　靳　旭

参　编　高澜宁　张梦婉　王思琪　黄梓桁

　　　　　张　瑾　王艺萤　张宇韬　杨淑倩

　　　　　杜昕然　张恒宇　巫锡星

机械工业出版社
CHINA MACHINE PRESS

本书致力于系统化、专业化、实践化地介绍区块链国际一线创新应用的知识,通过对区块链基础通识、区块链应用理论和实战案例的全方位、多层次的讲解,使读者对区块链的价值形成系统认知,掌握区块链产业化、商业化的基本逻辑与方法,形成系统性战略思维。

本书内容共14章,分为三篇,第一篇为区块链基本知识框架(第1~5章),第二篇为区块链应用介绍(第6~10章),第三篇为新型数字世界的机遇与挑战(第11~14章)。

本书既可作为区块链从业者、研究者的培训及参考用书,也可作为高等院校区块链相关专业的本科、研究生教材。

图书在版编目(CIP)数据

区块链应用 / 王思远,张博文,马扬主编 . — 北京:
机械工业出版社,2022.10
中国通信学会 5G+ 行业应用培训指导用书
ISBN 978-7-111-71535-1

Ⅰ.①区… Ⅱ.①王… ②张… ③马… Ⅲ.①区块链
技术–应用–研究 Ⅳ.① TP311.135.9

中国版本图书馆CIP数据核字(2022)第162689号

机械工业出版社(北京市百万庄大街22号 邮政编码100037)
策划编辑:陈玉芝 张雁茹 责任编辑:陈玉芝 张雁茹 关晓飞
责任校对:史静怡 张 薇 责任印制:任维东
北京玥实印刷有限公司印刷

2022年11月第1版第1次印刷
184mm × 260mm · 13.75印张 · 272千字
标准书号:ISBN 978-7-111-71535-1
定价:55.00元

电话服务   网络服务
客服电话:010-88361066   机 工 官 网:www.cmpbook.com
         010-88379833   机 工 官 博:weibo.com/cmp1952
         010-68326294   金 书 网:www.golden-book.com
封底无防伪标均为盗版   机工教育服务网:www.cmpedu.com

序 一

构建区块链数字文明

创新是人类社会进步的推动力。当前，一场以互联网、大数据、云计算、人工智能、区块链等科技驱动的数字革命正在进行，其中，区块链技术起着基础性作用。构建基于区块链的数字文明，已然成为时代大势。

基于区块链的新文明体系——数字文明

区块链是一种生产关系的重构，是通往数字经济、数字文明的一把钥匙，一个"通行证"，一个"ID"，一个"高速公路"，一个"基础设施"。在整个数字生态体系中，大数据、人工智能离不开区块链。如果说人工智能、大数据技术是河流，区块链技术就是河床，没有河床的底层基础，就不会有河水的流动。

具体来说，区块链作为去中心化技术，让互联网从"信息互联网"跃迁到"价值互联网"，使人类获得了更为高效、低成本的共识机制。在这个层面上，区块链不同于直接作用于推动生产力发展的大数据、人工智能等技术，它是在数字文明时代对人类社会生产关系的一次重构。

在基于区块链的数字文明下，众筹理念得以彰显。区块链中"通证"的本质就是在数字经济时代基于区块链的新组织方式产生的一种新的权益凭证及其分配机制，这种机制使得贡献者、使用者和管理者三位一体，充分实现了众筹的价值。维持技术依托下众筹的经济形态，才是区块链的真正价值。在数字文明下，人类将重构这样的经济模式（生产关系）：在前沿信息技术的支持下，资金需求者和资金提供者被方便快捷地联系起来，实现生产中的平等协同管理，资源配置变得开放、平等、共享、去中心化、去中介化。而这一切，建立在区块链等新一代数字技术的广泛与成熟应用之上。数字文明必然是基于区块链的，这是人类社会发展的技术大趋势。

数字文明时代的治理重点——"以链治链"与"共票"机制

数字文明打破的是现实与虚拟之间的界限，对人类社会的进步具有极为重大的影响。数字文明时代的治理，有两个层面的问题需要解决：一，如何有效规制区块链等新一代信息技术，充分释放科技创新的潜力并有限管控风险？二，在数字文明下，作为重要资源的数据该如何治理？对于这两个重点问题，可依托于"以链治链"和"共票"（Coken）机制加以解决。

若要有效规制区块链，最主要的一点就在于引入区块链技术作为工具，实现"以链治链"。传统的监管在区块链去中心化的模式下常常失灵，因此需要打破传统，采取一些新的方式。基于区块链技术，完全可以构建内嵌型的、技术辅助型的、解决政府和市场双重失灵并考虑技术自身特性的有机监管路径。

而针对数字经济时代的数据资源，区块链的"共票"机制在数据治理方面意义重大。区块链作为一种新型生产关系，可以充分赋能数据治理。为更加充分与本质地体现区块链在构建新型"众筹金融"生产关系上的作用，需要建立"共票"机制，即扬弃了被滥用为代币炒作的通证概念，代指区块链上的共享新权益的机制。"共票"不仅能为数据赋能，也将反过来以数据提升区块链的治理效能。在区块链的"共票"机制与其他前沿技术结合之下，数据价值潜力进一步释放，而透明、平等、智能的科技治理体系也会发挥强大作用。数据确权、流转、共享等的痛点问题在"共票"机制之下可以一并得到解决。

区块链技术的"以链治链"与"共票"机制将极大推动科技驱动型监管以及数据治理的发展，并为数字经济注入创新活力。

在区块链日益成熟的发展过程中，在人类社会迈入数字文明的进程中，需要更多的人才，而区块链高水平人才的培养，离不开高质量的区块链教育。《区块链应用》以其对区块链的全方位、多层次的讲解，能够激发读者对区块链创新创业的极高热情，使读者形成对区块链这一前沿技术应用的科学认知。热诚推荐有志于区块链领域的学生、教师与从业者阅读此书，也希望我国培养起越来越多的优秀的区块链人才，在区块链理论与应用方面为我国做出贡献。

中国人民大学区块链研究院执行院长

杨东

序　二

走向区块链时代

我们正处于新一代信息技术蓬勃发展的时代，区块链、大数据、人工智能、物联网等新一代信息技术正在推动新一轮的科技革命和产业变革加速进程，成为未来发展的制高点。正如"大数据时代""人工智能时代"一样，我们已经走向区块链时代。

区块链时代，是信任与智治的时代

区块链究竟为人类带来了什么？归结起来，本质上是信任与智治。

人类千百年来都在探寻信任机制和社会治理模式的更优方案，如今，在区块链时代，信任与智治使社会治理变得更加高效与低成本。

作为创造信任的机器，区块链可以实现依靠算法的信任，再由去中心化网络来实现记账，这就为无可信第三方实现价值的点到点传递创造了条件。而依靠区块链的核心技术之一——智能合约，我们可以实现不依托第三方机构和人为操作的合约自动执行，进而提升了治理的智能化水平。不仅如此，信任和智治的实现还需要区块链与其他新一代信息技术融合发展。区块链与大数据、人工智能、物联网等技术的综合运用，大大促进了社会的透明化、可信化、智能化程度，为传统信息互联网升级成价值互联网过程中的信用问题提供了技术工具和战略思维。

在区块链时代，人类社会的"合作机器"逐渐成熟，融合了区块链、人工智能、大数据、隐私计算等多种前沿科技成果的各类应用平台，可以通过链接信息孤岛、打破数据壁垒、建立起可信数字基础设施等方式，助力各行业发挥数据价值潜力，政府提升治理效能，政府、企业、金融机构最终在"合作机器"下实现了信任与智治。

在区块链时代，越来越多基于可信数字基础设施的协作将会大大优化现有生产关系格局，释放社会经济潜能，而社会治理也将更加智能。随着区块链应用的逐渐成熟落地，区块链对金融、商业、政务、司法、教育等各领域的贡献日益突出。未来，在区块链等新一代信息技术的加持下，"智慧城市"将会成为常态，人类生活会更加和谐、互信、协同而美好。

区块链时代，需要多维复合型人才

毫无疑问，区块链产业属于新兴前沿产业，对高水平人才的需求日趋旺盛。区块链时代的建设，需要更加多维的复合型人才。作为已经进入到各领域深度应用的产业，区块链产业需要的是掌握新一代信息技术、经济、管理、金融等多领域知识与思维的行业复合型人才。我们在企业实践中遇到的问题往往是复杂的，有技术方面的难题，也有投融资的和市场方面的难题，这些问题的交叉综合，对项目团队是极大的考验。尤其是区块链创业企业，要想成长为一只独角兽，创业团队核心的综合素质一定要强悍。成功的团队，往往都是具有复合型人才背景的团队。

在区块链时代，由于区块链技术已经应用于各行业各领域，纯粹做技术已经不足以满足"高水平人才"的条件要求。因此，在新一代信息技术领域钻研的未来从业者们，一定是需要在技术不断突破的同时，也对产业的整体格局、市场状况等有所了解，切不可闭门造车。

因此，当《区块链应用》的编写团队邀请我写序后，我读了书稿，感到欣喜。一是这本书把握了区块链的前沿创新应用知识，以专业而系统的方式论述区块链的实践应用；二是这本书非常具有实践性，可用于上手操作区块链产品项目的创新创业实践指导，内容从区块链基础知识到区块链解决方案与产品，再到区块链团队的管理，涵盖了区块链的技术、投融资和市场等多个维度。阅读学习《区块链应用》一书，对学习区块链的同学乃至从业者都是裨益良多的，有助于读者运用最为前沿、专业的知识，形成具有系统性的理论与实践结合的区块链思维体系与战略眼光。

人民链研究院特聘专家、FISCO BCOS 开源社区区块链战略合作负责人
鲍大伟

前　言

在全球新一代信息科技浪潮逐步兴起的背景下，国家将区块链上升为由国家意志推动的科技创新与产业应用，区块链已成为我国的国家战略，在新一轮科技革命和产业变革中发挥重要作用。2019 年 10 月 24 日，中共中央政治局就区块链技术发展现状和趋势进行第十八次集体学习。中共中央总书记习近平在主持学习时强调，区块链技术的集成应用在新的技术革新和产业变革中起着重要的作用。我们要把区块链作为核心技术自主创新的重要突破口，明确主攻方向，加大投入力度，着力攻克一批关键核心技术，加快推动区块链技术和产业创新发展。2020 年 4 月 20 日，国家发改委宣布正式将区块链纳入新基建中的新型技术基础设施。区块链已经上升至国家战略，成为由国家意志推动的科技创新与产业应用。

为了促进我国区块链产业良性有序发展，我国推出了一系列区块链相关政策助力区块链产业落地应用。随着区块链应用的广泛落地，区块链技术与金融、供应链、医疗、法律、民生、教育、版权、公益等的融合也更加紧密，区块链产业正处于蓬勃发展的阶段。随着 5G、大数据、人工智能、工业互联网等数字基础设施的不断搭建与完善，会出现更多的新场景和新应用。

区块链运用其技术方面的优势，如数据的公开透明、不可篡改，在信息存储、业务开展等方面可实现去中心化和去中介化，从而实现业务效率的提高和利益的重新分配。区块链作为一个横向的、连接性的技术，通过和其他信息技术相互融合，可以更好地实现信息时代经济建设、社会发展的需求。区块链可以在这些全新的应用点上发挥至关重要的信任搭建作用。区块链技术可以发挥其桥梁作用，推动各行业、各领域之间的互通互联、互惠互信，构建多层次的新型应用场景。

然而，不论是产业应用领域还是学术研究领域，目前对区块链的认识尚未形成共识，例如区块链是什么？区块链的运行机制及原理是什么？想要打造一款区块链超级产品需要注意哪些原则和问题？如何识别市场机会进行产品方案的设计和开发？因此，本书旨在通过对区块链理论和技术的深入研究，对打造一款区块链产品的全过程进行科学剖析，凝聚高度共识，形成具有权威性、系统性、前瞻性，以及理论与实践相结合的区块链产品创新创业体系。

本书主要从概念、开发及未来发展三个方面具体阐述以上问题。

第一篇区块链基本知识框架（第 1~5 章）：从区块链的概念、基本特征、运行原理等维度认识区块链，并探究了数字货币、产业区块链的发展等内容，从而把握区块链发展方向，帮助读者对区块链技术形成基本认知。

第二篇区块链应用介绍（第 6~10 章）：首先带领读者初步认知打造区块链产品，接着进行需求洞察、挖掘分析，以及产品的设计与开发。通过本篇可以帮助读者学会用去中心化的视角看企业，掌握区块链到价值链的路径，从而打造具备竞争力的超级产品。

第三篇新型数字世界的机遇与挑战（第 11~14 章）：向读者展示区块链对数字世界的重要影响，帮助读者形成区块链产业整体认知，同时从资产数字化与数据资产化、泛金融时代的风险与监管、合规科技等维度进行了讲解，帮助读者搭建区块链全方位认知体系。

本书旨在通过对区块链以上三个维度的论述，使读者对区块链技术形成系统、完善的认知，掌握区块链产业化、商业化的基本逻辑与方法，为高校、社会等区块链人才培养提供参考，助推区块链产业发展。

本书由王思远、张博文、马扬担任主编，由李星娴、靳旭担任副主编，参与编写者还包括高澜宁、张梦婉、王思琪、黄梓桁、张瑾、王艺萤、张宇韬、杨淑倩、杜昕然、张恒宇、巫锡星。

在本书编写过程中得到了 Regtank 联合创始人包睿珵先生的大力支持和诸多帮助，在此表示衷心的感谢！

本课程建议按照教学周期 18 周、共计 54 个课时的课程体系进行安排教学。

由于编者水平及时间有限，本书疏漏之处在所难免，恳请广大读者批评指正，以便今后进一步修改和完善。

编　者

目 录

第一篇
区块链基本知识框架

第二篇
区块链应用介绍

第三篇
新型数字世界的机遇与挑战

区块链应用

第一篇

区块链基本
知识框架

第1章
区块链概述

本章导读

2019 年 1 月 10 日，国家互联网信息办公室发布《区块链信息服务管理规定》。2019 年 10 月 24 日，在中共中央政治局第十八次集体学习时，习近平总书记强调，"要把区块链作为核心技术自主创新的重要突破口"，"加快推动区块链技术和产业创新发展"。区块链已走进大众视野，成为社会的关注焦点。本章旨在通过对区块链的基本概念、特征及种类进行梳理，使读者对区块链有更专业、更深刻的认知。最后，读者通过对产业区块链与新基建的学习，可以清晰地了解目前区块链的发展及广阔前景。

1.1　区块链的概念界定

区块链（Blockchain）是分布式数据存储、点对点（Peer to Peer，P2P）传输、共识机制、加密算法（Encryption Algorithm）等计算机技术的创新应用模式。从定义来看，区块链是现有技术的融合创新，而不是一项全新的技术。区块链由分布式数据存储、点对点传输、共识机制、加密算法四个核心技术组成。

2008 年，中本聪（Satoshi Nakamoto）发表了论文《比特币：一种点对点的电子现金系统》，详细讲述了区块链技术。经过多年的发展，区块链技术已经在许多国家和地区实现广泛应用。不同领域的从业者对区块链的认知不尽相同，各类定义难以全面解释区块链。通过对区块链本身的结构进行研究，并汇总全球观点，可以从技术层面到战略层面七个维度认知区块链。

从技术层面而言，它是一个共享数据库，由多方共同维护，借助密码学来保证传输和访问的安全性，能够实现一致的数据存储，也称为分布式账本技术（Distributed Ledger Technology）。

从应用层面而言，区块链具有去中心化（Decentralization）、不可篡改（Immutable）、可以追溯、全程留痕、公开且透明、集体维护等特点，为其丰富的应用场景奠定了技术基础。区块链可以应用于金融、商业、公共服务、智慧城市、城际互通等领域，可有效解决信息孤岛等问题，从而实现多方主体间相互信任的协作关系。

从经济学角度而言，其本质是通证（Token）的应用，是一种新的金融和治理模式。区块链经济中的每个个体或机构都可以依据劳动和生产力发行通证，这种模式也称作自金融范式。从另一角度来看，以通证为载体的区块链经济进行规模较大的群体协作，使得每一个创造价值的个体都能平等地分享价值，每个个体都能被充分调动参与其中，这种形式就称为自组织形式。

从业务角度而言，区块链可以有效地统一传统业务模式中的资金流、信息流和物流，形成分布式商业。所谓分布式商业，是指基于区块链技术和理念的商务的新型生产关系，由地位平等的多个商业利益共同体建立，按照事先协商好的规则和约定，进行职能分工、组织管理、价值互换、共同提供货物和服务、共享收益的新型经济活动行为。在这种模式中，资金流、信息流、物流将属于社区，代码将成为信任锚。

从治理层面而言，区块链通过其共识机制和智能合约（Smart Contract）创造高度透明、相互信任以及高效低费的应用场景，搭建数据共享、协同联动、实时互联的智能机制，实现信息数据的共享，推动社会合约到智能合约的转化，运用智能化、自动化、机器化的手段实现社会治理现代化，从而打造"智治"模式。

从思维层面而言，区块链对传统产业思维模式进行革新，依托于分布式账本、共识机制、加密算法等，在原有信息互联网和移动互联网中诞生的互联网思维的基础上，基于互联网和传统信息技术难以解决的产业痛点，催生出区块链思维。区块链思维可细分为分布式思维、共识性思维、代码化思维。分布式思维是指将原有一个产品、社群、联合体的运作指导力量，借助区块链技术，由单一性指导运作转换为联合共治、交互共享的一种新型思维与运作模式。共识性思维是指运用区块链技术的共识机制解决实际产业中沟通不充分、协作不通畅的问题，主要作用是确保所有参与者在添加新数据块后，能就其当前状态达成一致。简而言之，共识机制有效确保链的正确性，并为贡献的参与者提供相应的激励措施。代码化思维是指，在区块链的世界中，代码即法律。

从战略层面而言，区块链已经上升至国家战略，成为由国家意志推动的科技创新与产业应用。2019 年 10 月 24 日，中共中央政治局进行了第十八次集体学习，分析了区块链技术发展现状及未来发展趋势，习近平总书记指出："区块链技术的集成应用在新的技术革新和产业变革中起着重要作用。我们要把区块链作为核心技术自主创新的重要突破口，明确主攻方向，加大投入力度，着力攻克一批关键核心技术，加快推动区块链技术和产业创新发展。"2020 年 4 月 20 日，国家发展和改革委员会将区块链纳入新基建，指出区块链属于新型技术基础设施。

区块链也是一套治理模式。所谓治理模式，是指政府、企业等团体引导参与者实现某一些目标的方式。区块链技术能够针对建立更完善更全面的协同体系的需求、取消清算结算方的需求、通过机器建立信任的需求及保留更多信用的需求等四类场景（这四类需求也是基于区块链的治理模式所应当思考的主要问题），实现以下三个转变。

➢ 从控制到自治：分布式特征有助于区块链有效弱化等级、控制、封闭等威权价值观，进而实现强化平等、合作、开放、共享等自治价值观的作用。

➢ 从效率到公平：一般来说，传统互联网是成本驱动的，其根本目的是最大化信息中介的效率，进而实现经济效益。区块链可以促进互联网的根本目标转变为保护交易，创造价值，确保交易的合法性、公平性、隐私性和安全性，进而以公平和诚信为核心价值观。

➢ 从物质到关系：区块链将改变以能源、电力为主导的社会经济价值秩序，开放将取代渠道、产品、人员甚至知识产权，成为组织取得胜利的关键。

综上所述，从技术角度而言，区块链技术是结合分布式数据存储、点对点传输、共识机制、加密算法等计算机技术的一种新的应用模式；从应用和产业的角度而言，区块链是一种新的治理模式。

1.2　区块链的基本特征

相较于传统的中心化方案，区块链技术主要有六个特征，分别是：去中心化、开放性、自动化、匿名性、不可篡改、可追溯性。下面我们对这六个基本特征作具体介绍。

1.2.1　去中心化

去中心化是互联网发展过程中形成的社会关系和内容生产形式，是相对于中心化而言的网络内容新生产过程。在一个有许多节点的系统中，每个节点都是高度自治的；节点可以自由地相互连接，形成新的连接单元；任何节点都可能成为一个分阶段的中心，但它不具有强制的中央控制功能；节点之间的影响会通过网络形成非线性因果关系。这种开放、扁平、平等的制度现象或结构叫作去中心化。

从另一个层面来讲，区块链的去中心化意味着去中介化。在互联网时代，人们对集中式组织有绝对信任，而区块链将用户对第三方组织的信任转化为用户对代码的绝对信任。这种特性使得区块链拥有赋能更多场景的可能性，如信息管理领域、支付领域等。

1.2.2　开放性

区块链的开放性是指对于满足既定要求的主体可以自由加入或退出区块链网络。区块链的公开性主要体现在以下三个方面：一是账户公开，即所有历史交易记录都向公众公开；二是组织结构的开放性；三是生态开放。

1. 账户公开

区块链与传统数据库的区别在于，区块链是分布式核算，所有历史记录都向公众开放，让所有人都可以查阅相关记录并进行验证。这也催生了类似数据浏览器和数据分析的商机。

案例 1.1　　　　　　　　　　　**账户公开的发展**

公司比较小的时候，比如个体企业或者合伙企业，账本是公司最私密的东西，只有高层和企业主才能看到。然而，在当今的上市公司时代，企业的财务报告都是向社会公开的，并接受第三方审计。

这个时候，企业不是一个人独有的，而是为大众所拥有的，所有利益相关者都需要知道公司的财务信息，所以账目需要公开。可以预计，随着大规模的更紧密合作，账簿的开放程度更高将成为未来的趋势。

传统的内部会计 + 外部审计模式产生的信任足以支撑一个商业文明，如果区块链的分布式记账真的普及了，账户完全对公众开放且不可篡改，那么很多互不相识、互不监督的人就要负责为你记账，此时，账户产生的信任更牢固。

2. 组织结构的开放性

案例 1.2

组织结构开放背后的趋势

从历史经验来看，公司制度的每一次发展都对应着公司组织结构的开放，也就是对应着利益相关者数量的指数级增加。

比如个体户开始的时候，股东是一个人，经营权和收益权集中在一个人身上；后来出现了合伙企业，比如10人合伙，经营权开始复杂化，收益权开始分散化，收益由这10人分享。

后来出现了有限责任公司和股份公司，经营权进一步复杂化，出现了权力代理，即股东将权力委托给管理层，但利益仍由全体股东分享。此时，股东人数甚至可以达到200人，利益由这200人分享。

随着上市公司的出现，经营权进一步复杂化，甚至有时候很难搞清楚公司的负责人是谁，但是股东的数量无疑增加了。此时，股东数千甚至数万人的公司也很常见。

这背后的趋势是什么？就是越来越多的一般人可以脱离公司的管理，直接参与公司的收益分配。

如果原来的股票形式已经把公司的利益相关者扩大到了上千人，那么通过通证或持有资金，公司的利益相关者可以在原来的基础上扩大一个数量级，而且量变可以引起质变。当IPO（首次公开发行）股东人数超过200人时，我们称该公司为上市公司，它与非上市公司相比有很大的不同，如实行定期报告制度、接受证监会的管理、对公众负责等。当公司利益相关者在上市公司层面上继续上升一个数量级时，更多有趣的事情发生了。这时，公司不仅仅是上市公司，整个底层经济逻辑开始开放，或者有人称之为开源经济。这个开源一方面是指公司的代码开源，另一方面也是指公司的生产者、消费者、投资者、供应商等利益相关者的整合。

3. 生态的开放性

账户公开和开放的组织结构是底层基础，最终目标是构建开放的生态。在这个生态中，价值的传递越来越容易，成本越来越低，效率越来越高，就像信息社会的信息传播成本越来越低、效率越来越高一样。

案例 1.3

区块链的价值生态

以太坊发展起来之后，基于以太坊的ERC20通证就成千上万了。这些通证的底层协议都是一样的，它们之间的传输速度非常快。基于ERC20发布的通证越多，以太网的网络效应越强，以太网的生态越丰富、越完整。

同时，基于以太坊公有链的 DAPP（去中心化应用）和应用会慢慢增加，最终形成大型操作系统，使得通证之间的价值传递越来越高效。

当然，即使在今天，公有链之争也远未结束。EOS 等公有链的兴起，交叉链的兴起，以及以太网本身面临的共识机制转换、碎片化技术不成熟等问题，使公有链在未来很长一段时间内仍然面临激烈的竞争，而基于公有链的生态建设将需要更长的时间才能实现。

虽然不确定谁赢谁输，实现时间也不确定，但是一个趋势是肯定的，即资产交易成本的降低就像一个漩涡，吸引了大量的资产区块链，并在区块链慢慢形成一个巨大的价值生态。

区块链在未来一定会形成价值转移很大的操作系统，在这个操作系统中，它是开源的，任何人都可以不经许可就贡献一份力量。正如硅谷的王川所说："区块链是一个开源的商业系统，其本质在于可以接受没有许可的创新。"

区块链的精髓在于创新不需要批准和规划，即所谓的无许可创新。在这个开放的体系中，精英管理是唯一的奖励方式。从长远来看，开放、兼容和廉价的系统最终会使封闭、昂贵和不兼容的系统边缘化。

当这种开源生态形成的时候，没有许可证的创新确实是它最大的优势。在传统的企业领域，创新是从上到下推动的，项目开始前必须有人提出、制定计划、批准、分配资金、组建团队。

1.2.3　自动化

区块链的一大重要特点在于它可以实现自动化。自动化的特点主要体现在：区块链技术基于协商一致的规范和协议（类似比特币采用的哈希算法等各种数学算法），整个区块链系统不依赖其他第三方，所有节点能够在系统内自动安全地验证、交换数据，不需要任何人为的干预。举个例子：假如我们产生了一笔基于智能合约的订单，供方根据订单验证结果进入产品设计、生产、物流等环节，最终供方完成订单并且符合智能合约规定的内容，则需求方的资金会自动付款给供方，这能有效避免因单方面违约造成的产品无法交付等情况。

案例 1.4

"区块链具有许多特性，如分布式、可复制性、开放性、时间戳、不可篡改性、数据指纹等，但我认为最重要的是数据自动化处理。"在 2019 年 4 月 10 日的中国国际区块链技术与应用大会上，挪威工程院院士、IEEE 区块链技术专委会主席容淳铭表示。

容淳铭认为，随着数据大爆炸，如何高速处理海量数据已经成为一个大问题。如果使用传统的处理方法，我们会越来越力不从心。所以，数据需要自动化处理，尤其是在 5G 时代，数据需要边缘计算和自动化处理。这时，区块链的价值就体现出来了。区块链不仅保护数据安全，还通过智能合约实现数据自动化处理，推动了软件定义技术的发展趋势。

容淳铭也认为，目前我们的个人或企业数据被大公司控制，个人隐私容易受到侵犯，但更重要的是，它阻碍了人工智能（AI）的发展。人工智能需要大数据，但是数据烟囱状态（信息孤岛）让人工智能依赖单一数据。区块链可以实现多个数据流的融合，使人工智能可以实现更大的发展。

1.2.4　匿名性

匿名是区块链的重要特征之一。区块链的匿名性是指除非有法律规范要求，单从技术上来讲，各区块节点的身份信息不需要公开或验证，信息传递可以匿名进行。区块链的匿名性是一种相对的匿名性，相对于现在的金融体系和一些机制而言，它是匿名的，但实际上来说，任何人的任何交易在互联网上都是可以追溯的。

类似于非实名的社交网站，区块链上的每一个组织或个人都有一个不同的代号，这个代号通常是一串无意义的数字，通过该数字的表面信息本身，并无法将其对应到某一个具体对象的真实身份。

除了资产的匿名性，大多数基于区块链技术的应用也具有匿名性，如投票、选举、隐私保护、艺术品拍卖等，在隐私保护方面取得了巨大的成就。

1.2.5　不可篡改

从字面上来说，区块链的不可篡改性就是不可修改。在我们常见的计算机应用中，所有的数据库都会被更新和删除，但在区块链操作系统中却不是这样，这是一项科技创新，不需要更新，不需要修改数据，也不需要删除，也就是说所有的数据都不能删除。

许多人认为，区块链"不可篡改"的技术优势是建立价值互联网信任关系的核心。正是因为当前的信息互联网造成了许多信任危机，导致用户与企业之间的信任成本不断增加，而不能篡改正好可以解决这种问题。例如，在区块链系统建立的电子合同，谁都没有办法改变合同中的条款，因此每笔交易都保留在双方的第一份记录上。区块链技术的发展后开发出来的智能合同，结合不可更改的技术，可以让所有买卖双方根据合同内容和时间自动交易同时不能随意篡改双方的交易记录。

案例 1.5　　　　　　　　　**智能合约和不可篡改技术**

当你需要贷款公司提供一笔钱作为公司的启动资金，并要求在 5 月 2 日完成这个操作，且你们双方通过区块链系统签订了电子合同。到了 5 月 2 日，贷款公司不能随意毁约，必须按合同金额付款。如果他们不执行，智能合约和不可篡改技术可以自动执行电子合同。

1.2.6　可追溯性

区块链的可追溯性是指链上每笔交易的输入和输出，都可以通过链上结构实现追本溯源，方便地跟踪资产数量和交易活动的变化，一笔一笔地进行验证。

为什么普通数据库没有可追溯性？因为通用数据库是集中式的，所以通常运行在中央服务器上，可以被篡改。中央服务器的所有者可以更改和操作数据，不能保证数据的真实性。这是一个信任的问题，我们不能100%保证数据库的控制器是诚实的。然而，区块链的数据是分散存储的，所以我们不必担心这个问题。

案例 1.6

区块链的可追溯性有哪些应用？

企业可以利用区块链技术建立更多的品牌信任。区块链技术为客户提供了一种确保企业提供的信息完全真实的方式。

企业通过区块链存储产品或服务的相关信息（如物料来源、供应链等），客户知道这些数据是无法更改的，所以他们会完全依赖这些信息。例如，奶粉制造商使用了区块链技术，我们买奶粉的时候，可以查查区块链信息，就再也不用担心买到假的品牌奶粉了。通过使用区块链技术，政府可以追踪资金的来源和流动，避免腐败、逃税和洗钱。

可追溯性导致区块链技术不是100%匿名，虽然地址的拥有者是匿名的，不知道是张三、李四还是王五，但是每个地址的交易是可以追踪的。

1.3 区块链的种类

在详细介绍公有链、私有链、联盟链之前，我们先从最简单的字面意思对这些概念有个大概的了解。

公有链：公共的区块链，其读写权限对所有人开放。

私有链：私有的区块链，其读写权限由一个节点控制。

联盟链：联合体的区块链，其读写权限对加入联盟的节点开放。

三者的区别在于读写权限和去中心化程度（见图1-1）。一般来说，分权程度越高，可信度越高，交易速度越慢。

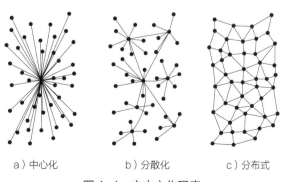

a）中心化　　　　b）分散化　　　　c）分布式

图1-1 去中心化程度

1.3.1 公有链

公有链是指区块链的用户可以匿名参与，无须注册、无须授权即可访问。因此，公有链是一个共识区块链，其中所有的区块都向公众开放，任何人都可以阅读和发送交易并获得有效的确认。公有链通常被认为是完全分散的，任何个人或机构都不能控制或篡改数据。一般来说，公有链使用证书机制来鼓励参与者竞争记账，从而达到保证数据安全和系统运行的目的。公有链上的每个节点都可以自由加入和退出网络，参与链上数据的读写。读写时以扁平拓扑互联，网络中没有集中式服务器节点。公有链的典型应用有比特币、以太网、EOS，其中比特币是世界上第一个公有链应用。

1. 公有链的优点

1）所有交易数据公开、透明。虽然公有链中的所有节点都是匿名加入网络的（更准确地说是"非实名"），但任何节点都可以查看其他节点的账户余额和交易活动。

2）无法篡改。公有链是高度分散的分布式账本，交易数据几乎不可能被篡改，除非篡改者控制了全网 51% 的算力。

2. 公有链的缺点

1）低吞吐量（TPS）。高度分散和低吞吐量是公有链必须面对的困境。例如，最成熟的公有链——比特币区块链每秒只能处理 7 笔交易（按每笔交易的大小计算，为 250B），高峰时期可以处理的交易数量甚至更少。

2）交易速度缓慢。低吞吐量必然导致交易速度慢。比特币网络极其拥堵，有时候一笔交易要几天才能完成，还要一定数额的转让费。

1.3.2 私有链

私有链是指区块链向个体开放，只能在私人组织范围内使用。与此同时，区块链的读写权和簿记权是根据私人组织内部的自定义规则实施的。从应用层面来说，其一般用于企业内部应用，如审计、数据库管理等，但也有一些特殊情况，如政府一般自行登记统计数据。私有链的应用价值在于提供了一个安全的、不可篡改的、可追踪的、自动执行的计算平台，可以有效地防范内外安全攻击。私有链虽然交易成本低，交易速度快、安全性高，但需要注意的是，它并不是真正的去中心化。

1. 私有链的优点

1）交易速度更快，交易成本更低。链中只有几个节点是高信任的，所以不需要每个节点都验证一个事务。因此，与需要大多数节点验证的公有链相比，私有链具有更快的交易速度和更低的交易成本。

2）不容易被恶意攻击。与集中式数据库相比，私有链可以防止一些内部节点篡改数据，且很容易发现故意隐藏或篡改数据的情况，并在错误发生时跟踪错误来源。

3）更好地保护组织的隐私，交易数据不会向全网泄露。

2. 私有链的缺点

区块链是构建社会信任的最佳解决方案（Solution），去中心化是区块链的核心价值，而由某个组织或机构控制的私有链与去中心化理念有所出入。如果其过于中心化，那就跟其他中心化数据库没有太大区别了。

1.3.3　联盟链

联盟链是指具有特定集团成员或有限第三方的区块链。它基于一定的规则将几个节点指定为共识节点，然后基于共识机制由这些节点共同决定每个块的生成。其他接入节点可以参与交易，但无权参与记账过程，而其他第三方可以通过开放的 API（应用程序接口）基于给定的权限进行查询。

在众多的应用当中，由于联盟链具备交易成本低、节点连接效率高、安全性好，以及良好的灵活性、便于管理等优势，因此联盟链成为产业区块链的主要形态，广泛地应用于金融、政务、文创等场景当中。

公有链、私有链和联盟链的对比见表 1-1。

表 1-1　公有链、私有链和联盟链的对比

因素	公有链	私有链	联盟链
面向市场	To C（消费者）	To B（企业）	To B
中心化程度	去中心化	中心化	多中心化
参与者	任何人	中心控制者规定的成员	预先设定的人
信任机制	PoW/PoS	自行背书	共识机制
记账者	所有参与者	自定义	部分参与者
典型应用	比特币、以太坊	内部研发测试等	清算、供应链金融

1.4　产业区块链与新基建

1.4.1　新基建的范围

2020 年 4 月 20 日，国家发展和改革委员会首次明确了新型基础设施的范围，并表示，新型基础设施是以新发展理念为引领，以技术创新为驱动，以信息网络为基础，面向高质量发展需要，提供数字转型、智能升级、融合创新等服务的基础设施体系。

目前来看，新型基础设施主要包括信息基础设施、融合基础设施、创新基础设施三个方面。

信息基础设施主要是指基于新一代信息技术演化生成的基础设施，例如，以 5G、

物联网（IoT）、工业互联网、卫星互联网为代表的通信网络基础设施，以人工智能、云计算、区块链等为代表的新技术基础设施，以数据中心、智能计算中心为代表的算力基础设施等。

融合基础设施主要是指深度应用互联网、大数据、人工智能等技术，支撑传统基础设施转型升级，进而形成的融合基础设施，例如智能交通基础设施、智慧能源基础设施等。

创新基础设施主要是指支撑科学研究、技术开发和产品研制的具有公益属性的基础设施，例如重大科技基础设施、科教基础设施、产业技术创新基础设施等。

当然，伴随着技术革命和产业转型，新型基础设施的内涵和外延也不是一成不变的，会不断被跟踪和研究。

可以看出，区块链已经正式纳入新型基础设施的范围。

1.4.2 产业区块链

随着区块链产业思维和创新生态的逐渐发展，产业链的层次也逐步清晰起来，无论是底层逻辑架构，还是产业发展过程中的区块链技术应用，都形成了良好的开局之势。

任何技术的发展都离不开产业的落地，产业的转型升级和发展当然也离不开技术的赋能。产业区块链概念的提出是区块链技术发展的必然结果。可以认为，产业区块链是真正意义上的区块链2.0。对于区块链的发展前景及其带来的产业革命性作用，我们将拭目以待。区块链的发展不可避免地会出现泡沫，但随着区块链产业属性的回归，泡沫会逐渐变得可控。

1.4.3 区块链赋能新基建

1. 确保新型基础设施的数据安全

随着5G和大数据中心等新型基础设施的进一步发展，数据泄露的风险也在增加。区块链技术的应用，一方面，可以通过数据库的去中心化，为数据中心提供一个高度安全的传输协议，实现数据生成、传输、存储和使用的全过程不被篡改，从而保证数据的真实性和唯一性；另一方面，通过设备登录认证、通信数据和操作指令加密，可以显著提高新型基础设施数据的安全性和可靠性。以工业互联网为例，区块链可应用于数据确认、责任确立和交易过程，解决工业设备从注册管理、访问控制、监控状态到数据可信传输、平台可控管理、生产质量可追溯性和供应链管理等问题，促进数据资产有序流通和可信交易。

2. 推进多主体合作、共建共享

区块链技术具有分权和可信合作的特点，在构建可信、开放、透明的共建共享平台方面具有优势，可以有效调动产业链上下游参与新型基础设施的积极性。

以轨道交通为例，区块链帮助轨道交通运营商进行技术升级，从而实现长三角区域的覆盖，帮助不同城市的地铁公司从链上获取相应乘车的区段和价格，实现自动二级结算，有效解决不同城市的车票结算问题。这将吸引更多的轨道交通等新型基础设施运营商参与轨道交通网络建设。

3. 推动新型基础设施的数据开放

区块链技术有确保数据安全和隐私的独特优势，有利于促进数据的开放共享，帮助各领域、各实体打破信息孤岛，促进数据跨机构流动、共享和定价，打造数据新生态。

以新能源汽车充电桩为例，由于不同充电桩之间缺乏互联互通、布局不佳、运营薄弱，我国充电桩平均利用率不足 10%，运营商普遍处于亏损状态。区块链技术的防篡改特性可以消除新能源汽车租赁运营商、充电桩运营商、停车场、用户等众多参与者的隐私顾虑，通过建立充电桩联盟链，实现数据共享和公开透明的实时计费，最终实现充电桩和私有桩跨平台共享，促进充电桩行业有序发展。

4. 降低新型基础设施的建设和运营成本

1）降低项目和资金管理成本。各类学科可以充分利用区块链分布式数据存储、点对点传输、共识机制、加密算法、不可篡改等先进技术特点，加快新型基础设施项目的预算管理调整、科研人员管理、合同管理、资金支付等功能模块的开发和使用，降低项目管理成本。

2）降低运营成本。借助区块链技术的防篡改和协同共识特性，可以检测和整合数据中心所有环节的信息，构建覆盖整个数据中心的可信数据监控和采集网络，降低实际运营成本。

3）降低沟通和信息成本。通过区块链网络改变传统的区块管理和服务模式，促进部门协作和业务流程优化，降低沟通和信息成本，提高管理效率。

【小结】

本章对区块链的定义、本质与特征进行了介绍。首先对区块链的概念进行界定，并介绍了区块链的基本特征：去中心化、开放性、自动化、匿名性、不可篡改、可追溯性。本章还介绍了区块链的种类，最后在新基建浪潮的背景下，介绍了产业区块链是什么，以及区块链如何赋能新基建。

【习题】

1. 试从七个维度阐述区块链。

2. 区块链有哪些基本特征？

3. 区块链包括哪些种类？各个种类的区别是什么？

4. 什么是产业区块链？区块链如何赋能新基建？

第 **2** 章
数字货币：区块链杀手级应用

本章导读

数字货币由 David Chaum 于 20 世纪 80 年代首次提出，最初是指一类匿名且不可追踪的电子货币系统。2008 年，中本聪基于区块链技术开发的一种点对点的电子现金系统——比特币诞生，标志着数字货币从理论转变为现实。央行数字货币则是在这一历史背景下，由中央银行利用区块链技术，主导研究、系统构建和发行的一类兼具数字化和传统货币属性的法定数字货币。本章旨在通过对数字货币的知识框架进行梳理，使读者对数字货币的理论背景、海外数字货币的发展进程、我国央行数字货币的历程与最新成果，以及央行数字货币的本质及其特征有全面的认识。

2.1　货币

2.1.1　货币起源与货币职能

关于货币的起源，一般的观点认为，货币是随着商品交换和市场的发展而产生的。一开始人们从事产品的生产活动并消费产品，并对不同的产品或商品具有所有权，分工的产生使得人们对产品交换产生了需求。最初是物物交换，其最大特征是双向契合，即双方恰好都对对方的商品有需求。但双向契合在相对原始的社会中难以实现大规模的交换，为了降低交换成本、提高商品交换效率，人们开始将具有共识基础的、能够表示商品价值的实物货币用于商品流通中。

无论货币是怎么产生的，都必须能够承担一定的职能才能在商品经济中流通。马克思认为货币具有五种职能，即价值尺度、流通手段、贮藏手段、支付手段和世界货币。价值尺度和流通手段是货币最基本的两个职能。商品的交换过程是由商品交换为货币、进而又由货币交换为商品的过程，商品的内在价值需要通过货币转化为市场上的共同的价值尺度，进而在市场上被公平交易。货币作为交易媒介，使商品在时间和空间意义上广泛流通成为可能，商品交易既是商品的流通过程，也是货币的流通过程。当前的信用货币并不一定具备价值贮藏职能，当一些国家在特定时期发生恶性通货膨胀，人们持有的纸钞可能在短期内就变得"一文不值"。而支付手段和世界货币则是基于货币基本职能延伸出的两个货币职能的概念。

2.1.2　信用货币的本质——债权债务关系

现代经济生活中的货币都是信用货币。当今世界上绝大多数国家流通的货币都是由中央银行发行的，银行发行的货币也曾被称银行券，这些银行券本身没有价值，但是可以作为货币在市场上流通，如购买商品、清偿债务。政府为了统一货币，往往会在法律层面上规定具有法偿性的法定货币，并禁止非法定货币作为流通手段在市场上买卖商品。

信用货币区别于实物货币和金属货币最本质的特征是，信用货币代表了一类债权债务关系，当银行向非银行部门发放贷款时，不仅增加了银行的资产，同时也增加了银行的负债。如果银行贷出的是黄金而不是信用货币，银行的负债并不会增加。

信用货币的发展从发行主体角度可分为三个阶段：私人信用货币、政府信用货币、银行信用货币。不同阶段由不同的主体发行信用货币。私人信用货币类似私人的债务凭证。设想在一个小村落中，领主可以凭借自己的信用向其他人进行借贷，开出借条并答应在未来进行清偿。由于领主的信用在村落中受到普遍认可，那么持有借条的人也可以用借条与其他村民交换商品，于是领主的借条得以在村落中流通。如果每个村民的信用都受到认可，那么村落中就可以流通每个村民开出的借条了。由这个设想可以得知，私人信用货币流通所需要的信用建立在良好的社会关系中，在信息交流受限、信息不对称严重的时代，村民很难用领主的借条向其他村落的村民平价交换商品。

政府作为国家的治理者，向公民征税，具有天然的统一货币的动机。政府向社会发行货币购买社会资产，社会用统一的货币向政府缴纳税金，形成了政府支出—商品流通—税收—政府支出的循环机制。政府信用货币依托的是政府的信用，货币实际上是政府的债务凭证，无论是否存在社会的借贷关系，政府就是货币的最终债务人。

在中央银行信用货币体系下，中央银行和商业银行都是公众的债务人，纸钞是中央银行的债务，而银行存款是商业银行的债务，但中央银行会在银行面临流动性危机的时候以最后贷款人的身份出现，是国家信用货币的最后保障。

2.1.3　货币创造理论

中央银行发行的货币量与社会上流通的货币量一样吗？显然不一样。世界各国根据货币流动性划分了不同统计意义下的货币量，包括 M_0、M_1、M_2 等，虽然各国口径存在差异，但 M_0 基本上统计的都是一国央行发行的货币量。那么，为什么市场上流通的货币量会大于 M_0？或者说，是谁在创造新的货币？主要是商业银行在创造新的货币。为了解释商业银行创造货币的过程，有必要区分央行发行的基础货币和商业银行创造的银行信用货币。现代的货币发行体系是中央银行—商业银行的双层结构。中央银行承担发行货币职能，但只能向一级交易对手方（通常是商业银行）借出基础货币，形式上包括商业银行的法定存款准备金（简称准备金）和流通中的货币等；商业银行不发行货币，但可以和非银行部门发生借贷关系，向社会释放银行信用货币，形式上主要是吸收存款。

2.1.4　货币政策

商业银行的基本盈利模式是从存贷利差中获利，理论上具有无限放贷的动机，货币创造也可能因此失去制约。但是实际上商业银行的货币创造受到法律约束，使它们不能过度地对外贷款，准备金和风险资产比例是典型的制度约束。

1. 准备金是怎么产生的

正如前文所述，商业银行的准备金实际上是中央银行发行的基础货币，主要通过中央银行对商业银行的资产业务产生，包括购买商业银行债券和外汇等资产、再贷款、再贴现等方式。商业银行在中央银行有准备金后，便可以向社会发放贷款并提取部分准备金补充客户取款的即时流动性需求，也可以通过向中央银行出售资产、借款或存入富余现金补充准备金。商业银行间的清算交易也会增加或减少存放在中央银行的准备金。在中央银行—商业银行—非银行部门的动态交易中，商业银行未提取及存放的准备金便留存在了中央银行内。事实上，准备金构成了银行现金及存放中央银行款项中的大部分。

2. 为什么需要规定准备金率

准备金属于商业银行在中央银行的强制性存款，而超额存款准备金是商业银行的自发性存款。中央银行设置准备金率具有多重目的。一是保证银行的安全性。商业银行总是需要保持一定比例的准备金应对客户提取存款的行为，如果没有充足的准备金，商业银行容易陷入流动性危机。二是限制商业银行贷款行为，防止系统性风险。商业银行贷款的同时吸收存款增加，于是准备金增加，如果商业银行准备金不足则不能继续贷款，从而约束了商业银行的货币创造和资产负债表扩张。三是作为中央银行货币政策的一个传导渠道。

对于供给侧的结构性发展不均衡的问题，我国央行一直在研究和实践结构性货币政策，如支农、支小再贷款、再贴现和抵押补充贷款、定向中期借贷便利，以及未来可能的绿色金融货币政策工具等。但是结构性货币政策工具的难题在于，一是需要设计有效的商业银行激励相容机制，二是需要巨大的监管成本以防范商业银行和企业的道德风险问题。而这两个难题在数字货币运营框架下能够较好地化解。

2.2 国外数字货币的发展现状

2.2.1 全球央行数字货币的进展

由于发达经济体的电子货币支付体系较为完善，货币的国际认可度高，资本市场制度完善且金融文化开放，2020年以前全球发达经济体央行对央行数字货币（CBDC）的态度普遍比新型经济体和发展中国家的央行更为保守。不过到了2020年，欧洲、美国、日本等发达经济体的央行对推行央行数字货币的态度发生了转变。国际清算银行（BIS）2020年10月发布了《中央银行数字货币：基础原则与核心特征》，指出促使央行数字货币推行的重要因素包括：

1）提高居民及企业的基础货币持有量。随着电子化的发展，目前社会持有的多为银行信用货币，即商业银行债权，它们承担了银行的经营风险和信用风险。持有央行数字货币就不存在这些风险，而且数字货币的电子钱包也有利于央行向特定人群进行转移支付。

2）货币政策利率向消费和生产部门的直接传导。如果央行数字货币付息，那么在数字货币主导居民存款的未来，央行可以通过调节数字货币利率直接影响社会投资或消费，而不需要借助银行。

3）保护货币主权。近年来稳定币 [如 USDT（泰达币）、JPM Coin、DIEM 等] 正在快速发展，这类与特定货币进行价格锚定的数字货币实际上侵占了央行发行数字货币的职能，由于它们游离于央行基础货币体系外，还可能会损害货币政策的有效性，显然是各国央行并不愿意看到的。

当然，央行数字货币也会让现有金融体系产生有害趋势，如金融脱媒、狭义银行、货币网络攻击等。

1. 美国央行数字货币

美国央行数字货币目前尚处于研究阶段。2020 年 8 月 13 日，美联储发表文章《Comparing Means of Payment: What Role for a Central Bank Digital Currency? 》，从可访问性、匿名性、可编程性、效率等诸多角度分析了央行数字货币会带来的支付模式转变。同日，美联储理事 Lael Brainard 在演说中提到，美联储正在积极开展与分布式账本技术和数字货币使用场景相关的研究和实验。目前，由波士顿联邦储备银行和麻省理工学院开发的至少两个美国央行数字货币原型已接近完成，但其发行还仍需要数年时间。

2. 英国央行数字货币 RSCoin

2016 年，受英格兰银行的建议，英国伦敦大学学院的研究人员提出并开发了一个法定数字货币原型系统——RSCoin 系统，即中央银行加密货币（Centrally Banked Cryptocurrencies），其设计目标是站在中央银行的视角，打造出一款受中央银行控制的、可扩展的数字货币，为央行数字货币的发行与流通提供一套参考框架和系列准则。

3. 新加坡央行数字货币项目 Ubin

2016 年，在新加坡金融管理局牵头下，Ubin 国家项目启动，专门探索以区块链和分布式账本技术（DLT）为基础的支付和证券交易清算、结算模式。至 2020 年 7 月 13 日，Ubin 项目已完成第五阶段，即最后一个阶段，成功实现了更高效和更低费用的国际结算交易。目前，新加坡金融管理局已宣布通过共享央行数字货币及其他分布式账本技术相关应用信息，以及开发联合项目等方式加强与我国展开金融合作，预计通过与我国合作，可推动自身区块链技术用于银行间清算结算以及更多商业运用。

4. 欧洲央行数字货币

2020 年 9 月，欧洲央行（ECB）主席 Christine Lagarde 也表示未来会启动央行数字货币项目，并在 2020 年 11 月向欧盟居民发起数字欧元的意愿调查。但 Christine Lagarde 在 2021 年 4 月的声明中也指出，即使 2021 年能够确定启动项目，到央行数字欧元的应用至少需要等待四年的时间。

除上述国家外，瑞典、泰国、委内瑞拉、巴哈马、柬埔寨等国也在法定数字货币研究和应用方面具有领先成果，而日本和韩国央行均已于 2021 年下半年进行了模拟数字货币试验。据国际清算银行的调查，到 2023 年末，中央银行发行的零售型法定数字货币将服务于世界五分之一的人口。

2.2.2　Libra 与 DIEM

Libra（天秤座）是 2019 年 6 月 Facebook 联合 Visa、Uber，以及一些电子商务公司、区块链公司、非营利性组织等共同发布的全球加密货币项目，旨在基于 Facebook 生态建立超主权私人加密货币体系。2020 年 12 月，Facebook 宣布稳定币项目 Libra 正式改名为 DIEM。目前，DIEM 项目的核心模块由三部分组成：技术基础，即安全、可扩展和可靠的区块链——Libra 区块链；价值基础，即支撑内在价值的资产储备——Libra 储备；治理基础，即独立的金融生态系统发展治理——DIEM 协会。

DIEM 项目的目标是推出以美元支撑的数字货币，以及高吞吐量的区块链和数字钱包 Novi。DIEM 是一种类稳定币，但是将会在自主的 Libra 区块链上运行，且所有数字货币都会存储于 Novi 中。同时，DIEM 也是一个开源项目，DIEM 的可编程性使人们可基于智能合约完成更多功能，并使用智能合约开发语言创建自定义的应用程序。尽管 DIEM 是以区块链和分布式账本技术为基础的数字货币，但其本质仍为中心化货币，具有中心化的运营机构——DIEM 协会，并受监管部门监管。不过目前 DIEM 可能会成为最贴近全球货币概念的数字货币，它将改变像国际资金清算系统（SWIFT）等跨国中心化金融机构的地位。

2.2.3　稳定币

目前，全球受欢迎的稳定币除了前面提到的 USDT、JPM Coin，还有 USDC、BUSD、DAI 等。稳定币是通过一些稳定机制，如法币抵押、加密货币抵押等方式，使其相对某国主权货币保持币值基本稳定的一类货币，因此稳定币相对于比特币、以太币（ETH）等数字货币的最大优势在于币值稳定且持有风险小。稳定币的目的在于，保护数字货币交易者的资本免受币值波动带来的损失，以及为受到外汇管制的居民或交易所提供类美元货币等。

USDT

截至 2021 年底，USDT 是世界上货币供应量最大的稳定币。

USDT 演变的主要节点：

2012 年 1 月，Tether 白皮书发行。

2014 年 10 月 6 日，发行第一个通证。

2014 年 11 月 20 日，"Tether" 项目正式命名。

2015 年 1 月，USDT 在 Bitfinex 加密货币交易所上交易。

2017 年 4 月 18 日，USDT 跨境转账被封。

2017 年 6 月，USDT 将在莱特币的 Omni 层发行。

2017 年 9 月，宣布将在以太坊区块链上为美元和欧元发布 ERC20 通证。

2018 年，USDT 占到比特币交易量的 80%，但是从当年开始 USDT 停止向美国居民发行。

2018 年 10 月 15 日，随着市场对 USDT 的清算能力产生担忧，USDT 的价格短期内下跌至 0.88 美元。

2018 年 11 月，与巴哈马 Deltec 银行建立新的银行关系，稳定公众对其资产储备的信心。

2019 年 4 月，纽约司法部长 Letitia James 提起诉讼，指控 Bitfinex 利用 USDT 的资产储备掩盖其 8.5 亿美元的损失。

译自《Tether（USDT）及其历史》

Tether 每发行 1 个 USDT 就在银行存入 1 美元的保证金，相当于发行人对外发行多少数字货币就储备多少资产，而持有 USDT 的用户也可以用 USDT 兑换同等数量的美元。资产储备目前仍是稳定币得以稳定的主要基础，尽管 USDT 在上市交易的几年间经历了几次风波，但是目前能够较好地与美元进行价格锚定，而其作为稳定币的鼻祖，也催生了市场上大批稳定币的诞生和交易。但是，随着各国央行展开对法定数字货币的研发和试验，未来稳定币的市场是否会受到冲击仍属未知。

2.3 数字人民币

2.3.1 数字人民币的发展历程：从提出到试点

我国央行数字货币（DC/EP）的探索历程是从 2014 年正式开始的，时任中国人民银行行长的周小川提出我国要研究发行央行数字货币的可能性，随后进行了我国央行发行数字货币的可行性论证工作。最初我国央行数字货币讨论的核心问题有两个。一是什么是真正的数字货币，是基于账户（Account）的数字货币还是基于代币（通证）的数字货币？前者允许公众在中央银行开户，后者允许央行向公众发行类似比特币技术的代币，两者代表了两种不同的技术路线。二是数字货币体系应该是一元体系还是二元体系？目前世界上大多数中央银行并不认可央行直接向公众发行货币的一元体系，而是沿用固有的"中央银行 + 金融机构"的二元体系。现在来看，我国央行数字货币发展面临的首要问题部分有了答案。

2016 年，中国人民银行召开数字货币研讨会，发表了对数字货币发行和业务运行框架、关键技术、法律问题、金融影响等的一系列研究成果，总结认为探索发行数字货币具有重大现实意义，并明确了战略目标，确定使用数字票据交易平台为法定数字货币应用场景。

2019 年，在坚持双层运营、M_0 替代、可控匿名的基础上，法定数字货币的顶层设计、标准制定、功能研发和联调测试等工作基本完成。同年 8 月，时任中国人民银行数字货币研究所所长的穆长春披露了我国央行数字货币的基本设计，主要包括以下四个要点：

1）现阶段更注重对 M_0（基础货币）的替代。数字货币属于基础货币的范畴，是中央银行债务。目前发行数字货币的主要目的还是将原有部分纸钞进行数字化改革，因此现阶段也不会对数字货币付息。

2）保持技术中性，不预设技术路线。数字货币作为基础货币向社会发行和流通时一个绕不过去的技术难点是高并发问题，而对于这个问题基于代币的区块链技术并没有很好的解决办法。从交易结算速度的对比上看，比特币每秒 7 笔，以太币每秒 10~20 笔，DIEM 区块链预计上线后每秒 1000 笔，而 2021 年除夕我国网联平台处理跨机构网络支付交易峰值达到每秒 6.74 万笔。因此，目前的纯区块链技术架构无法满足我国零售交易峰值的高并发需求，需要考虑综合的技术路线。

3）采取双层运营架构，商业机构向央行缴纳 100% 准备金。双层运营架构也就是前文提到的二元体系，中央银行向特定商业银行开展数字货币的发行或兑换业务，再由特定商业银行向其他金融机构及非金融部门进行数字货币的交易与兑换，而商业银行要增持数字货币必须向中央银行缴纳 100% 准备金，以避免货币超发风险，如图 2-1 所示。采用双层运营架构的目的主要是防止金融脱媒和狭义银行给中央银行带来的集中度风险，妥善运用现有中央银行对少数一级交易对手方的货币传导体系，以及良好发挥商业银行的市场化资源、人才和金融科技与服务优势。

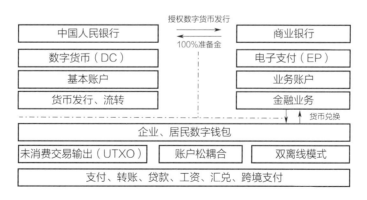

图 2-1　数字人民币的双层运营架构

4）坚持中心化的管理模式。央行数字货币不等同于加密货币与私人数字货币，首先表现在央行数字货币具有强的债权债务关系，仍然是中央银行对社会的债务，因此中央银行有必要了解债务流向。其次，央行数字货币负担着比以往更强的传导中央银行货币政策和宏观审慎政策的任务，缺少中心化的管理无法有效地调节经济与货币关系。此外，中心化的管理模式有利于防止商业机构超发货币，维护央行在货币体系中的核心地位。

到 2020 年，我国央行数字货币项目终于面向消费者。由中国人民银行牵头，中国工商银行、中国农业银行、中国银行、中国建设银行四大国有银行和移动、联通、电信三大电信运营商共同参与的数字人民币（英文简称为 e-CNY）试点项目于 2020 年 4 月率先在苏州市相城区落地。至 2021 年 4 月，已有六大国有银行参与试点项目，且已在深圳、苏州、成都、上海、北京等多地开展试点。中国央行数字货币的研究和应用已然步入世界前列。

2.3.2　数字人民币系统框架的核心要素

数字人民币整体是基于双层架构进行运营和流通的，而在具体运营中，"一币、两库、三中心"是其系统框架的核心要素，如图 2-2 所示。

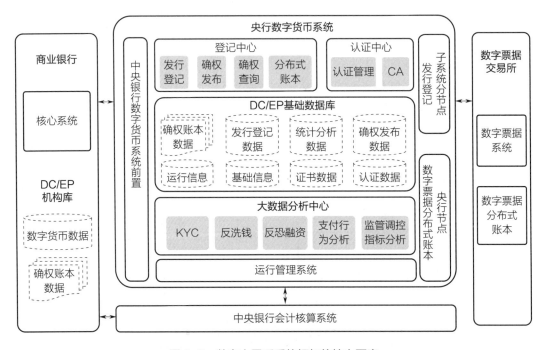

图 2-2　数字人民币系统框架的核心要素

DC/EP—Digital Currency Electronic Payment，数字货币 / 电子支付

1. "一币"：法定数字货币的形态

"一币"即法定数字货币本身的设计要素和数据结构。法定数字货币实际上是央行担保并签名发行的代表具体金额的加密数字串，并不具有物理实体性，也不是电子货币表示的账户余额。它是用于网络投资、交易和储存，并代表一定量价值的数字化

信息，是携带全量信息的加密货币。

2．"两库"：法定数字货币的存放库

"两库"包括 DC/EP 基础数据库和 DC/EP 机构库。DC/EP 基础数据库是存放央行数字货币发行基金的数据库，部署在央行数字货币私有云上。而 DC/EP 机构库是商业银行等参与法定数字货币系统的代理机构存放法定数字货币的数据库（即机构数字货币金库），既可以部署在本地，也可以在央行数字货币私有云上。

"两库"的设计目标是给法定数字货币创建一个更为安全的存储与应用执行空间，分类保存法定数字货币，既能防止内部人员盗取法定数字货币，也能防御入侵者的恶意攻击，同时还可以承载和解析个性化的应用逻辑，可以说是未来的"智能金库"。

3．"三中心"：法定数字货币的管理体系

"三中心"包括认证中心、登记中心与大数据分析中心。

认证中心通过多层次的认证体系，对法定数字货币机构及个人用户身份信息进行集中管理。它是法定数字货币系统安全的基础组件，也是可控匿名设计的关键。

登记中心既要负责记录法定数字货币及对应用户身份，完成权属登记，还要负责记录流水，完成法定数字货币从产生、流通、清点核对到消亡的全过程登记。

大数据分析中心通过可获取的交易大数据分析市场行为，可以具体到反洗钱（AML）、反恐融资、支付行为分析、监管调控指标分析等功能，统筹系统的整体运行。

2.3.3 数字人民币与其他支付手段的区别

数字人民币与纸钞、第三方支付、银行存款、以比特币为代表的加密货币、以 DIEM 为代表的私人数字货币及稳定币的根本区别在于，它是由中央银行发行的、以中央银行或政府信用和债务关系为背书的数字化法定货币。因此，近几年一些稳定币组织和学者提倡"合成型央行数字货币"（Synthetic CBDC），即商业机构或组织通过向中央银行缴纳 100% 备付/准备金，继而在其账本上发行和参加货币流通的类似于有中央银行债务支持的数字货币。国际清算银行认为这并不是严格意义上的央行数字货币，最重要的原因是合成型央行数字货币仍然不是对中央银行直接的债权债务关系凭证。而且中央银行与商业机构具有不同的经营目标，中央银行的目标是通过货币政策和宏观审慎政策达到稳定物价等经济目标而不是赢利，目标不一致必然会扭曲数字货币的内在本质。数字人民币与其他支付手段的区别具体见表 2-1。

表 2-1 数字人民币与其他支付手段的区别

	数字人民币	纸钞	第三方支付	银行存款	比特币	DIEM
发行主体	央行	央行	央行	央行	无	DIEM 协会
分发机构	指定银行	商业银行	第三方机构	商业银行	比特币网络	第三方承销商

（续）

	数字人民币	纸钞	第三方支付	银行存款	比特币	DIEM
储备资产	无	无	备付金	准备金	无	法币资产池
信用背书	政府信用	政府信用	企业信用	银行信用	算法信用	企业、算法
信用风险	无	无	低	低	高	高
是否中心化	是	是	是	是	否	部分
是否数字化	是	否	是	是	是	是
是否付息	目前不付息	否	否	是	否	否
是否匿名	可控匿名	完全匿名	基本实名	实名	完全匿名	可控匿名
是否可离线	有限离线	是	否	否	否	否

无论是从支付手段背后的真实债权债务关系，还是从数字货币发行主体理应达到的目标来看，央行数字货币必然是中央银行所特有的、具有排他性质的基础货币手段。因此在未来，央行数字货币并不会取代、也不会与现有的商业银行生态和第三方支付进行直接竞争，而是可以相互兼容与相互促进。不过，随着数字货币未来应用的普遍化与深化，以及数字货币进入智能化，可能会逐渐改变人们的支付行为和支付习惯，重新提高居民的基础货币持有量，并对当前支付服务体系进行一次重塑。

2.4 私人数字货币

2.4.1 比特币

2008 年，一位化名为中本聪的人在互联网上发表了《比特币：一种点对点的电子现金系统》，即比特的白皮书。目前普遍的共识认为，比特币是区块链的第一个应用，而在比特币的白皮书中并未出现区块链的概念，有的只是记载信息的"块"（Block）和"链"（Chain）式的数据结构。后来比特币的技术特征和优势逐步被抽离出来，成为今天的热议概念——区块链，因此比特币和区块链之间的关系是无法分割的。

1. 比特币的诞生

2008 年 10 月 31 日，一位自称中本聪的人在一个匿名的密码学论坛上发布了一篇报告，名为《Bitcoin: A Peer-to-Peer Electronic Cash System》，中文名为《比特币：一种点对点的电子现金系统》。这篇报告的发出意味着真正意义上能够形成自身生态闭环的数字货币——比特币的诞生，私人数字货币发行和区块链技术兴起的序幕正式拉开。该数字货币系统不同于以往以主权国家、金融机构为中心的货币系统，通过技术手段本身就能实现信用建立的过程。比特币区块链创世区块（即第一个区块）诞生于 2009 年 1 月 4 日，创世区块中记载着当日《泰晤士报》头版文章的标题——"2009 年

1 月 3 日，财政大臣正处于实施第二轮银行紧急援助的边缘"，创始区块的信息显示了比特币对现实金融系统作出修正的强烈愿望。一周后，中本聪发送了 10 个比特币给密码学专家哈尔·芬尼，形成比特币历史上第一次交易。此后，有人于 2010 年 5 月 22 日用 10000 个比特币买了两块比萨，完成比特币与实际经济行为的关联。

比特币的技术细节并非本书的重点，即使对于长期处于数字货币、区块链行业中的人而言，也极少有人敢断言自己完全理解了比特币系统设计的初衷，能够准确把握未来的发展方向。下面将从电子货币本身存在的问题出发，考察电子现金比特币采用了怎样的机制解决电子货币的瓶颈问题。

（1）电子货币存在的问题

电子货币以数字化的形式为货币或者价值进行标记，并通过信息通信系统进行转移，就可能产生与现钞交易不同的独特问题——信息的真假问题，尤其是重复支付（Double Spending）问题，即一份钱被同时花费了两（多）次。与实物现金不同，电子货币可以由复制或伪造的数字文件组成，因此需要对电子货币进行验证。电子货币真伪的验证方式有集中式和分布式之分，目前主要是集中式验证，但权威的集中式验证意味着将道德风险和系统故障风险集中在一处，即可能产生单点故障。但在过去的分布式系统中，重复支付问题始终难以解决，原因是在没有权威集中式验证时，各个分布式节点都需要保存账本的副本，而交易信息在系统广播时到达各个节点的时间不同。一旦出现重复支付的情况，则每个节点将处理它收到的第一笔交易，不同节点处理的交易信息可能因此有冲突。分布式系统都在尝试解决重复支付问题并取得了一些进展，但是尚未形成被普遍接受的解决方案。

（2）比特币的解决方案

比特币：一种点对点的电子现金系统

摘要：纯粹的点对点电子现金允许线上支付时直接从一方发送到另一方，而无须通过金融机构担保。数字签名提供了解决方案的一部分，但如果仍然需要金融机构来防止重复支付，那么线上支付的主要优势便失去了。我们提出一种利用对等网络（P2P 网络）解决重复支付问题的方案。该网络利用随机散列将交易打包进一条持续增长的链式数据结构，这种基于随机散列的工作量证明链为交易打上时间戳，形成一条除非重做工作量证明，否则不能更改的记录。最长的链不仅是被见证事件序列的证据，而且也是它本身是由最大 CPU 算力池产生的证据。只要多数的 CPU 算力不攻击网络的节点控制，这些节点就将生成最长的、超过攻击者的链。这种网络本身只需极简的架构。信息将被尽力广播，节点可以随时离开和重新加入网络，只需将最长的工作量证明链作为它们离开时发生事件的证据。

——中本聪，《比特币：一种点对点的电子现金系统》，2008 年 10 月从上述摘要中可以看出，比特币主要是为了解决两个问题：一是中心化的问题，二是重复支付的问题。

中心化问题对应着现行货币体系的弊端。现有的货币体系就是中心化的体系，例如，法定货币都由中央银行或者国家指定的印钞行统一印制、发行、记录等；几乎所有的经济行为都要连接到银行，如果我们要转账给另外一个人，需要先通知银行把钱转给另外一个人，这里的银行以中心化的方式管理我们的账本。但中心化有不可避免的弊端：各国政府和央行控制了货币发行权，每次恶性超发货币导致的通货膨胀都是对社会财富的一次掠夺。通货膨胀使大量举债的政府获益，人们手中的现金、政府债券等财产会大幅缩水。如果中央机构腐败或堕落，就会只顾中央机构的利益而损害大众的利益。

去中心化系统中的虚拟货币是一串数据，数据的易复制性使得其不可像钞票一样用物理属性防止重复支付问题。因此，要解决电子数据的重复支付问题必须要记账核对，但是去中心化的记账系统如何获得认同呢？中本聪提供了一种解决方案。他提出的比特币系统引入了基于时间戳的随机散列，并且让其形成前后文相关的存储序列，这就是为什么称之为区块链的原因。区块链起源于分布式账本，其核心在于互不信任的分布式存储机制，并通过共识协议保证数据的安全性。

（3）比特币的核心概念解释

1）比特币系统。比特币系统是指一个由运行的比特币标准客户端组成的 P2P 网络，负责比特币交易的通信和验证。其中，通信是所有标准客户端都参与的，而验证只有挖矿的节点才可以做到。

2）比特币（货币）。比特币（货币）是指一个或者一些比特币地址对应的余额。比特币是通过开源的算法产生的一套密码编码，是世界上第一个分布式匿名数字货币。比特币也可以被用来标识商品或服务的价值，即作为虚拟货币的基本单位，简写为 BTC，如 100BTC。比特币系统借助遍布整个 P2P 网络节点的分布式数据库管理货币的发行、交易与账户余额信息的记录，并使用密码学的设计核查重复支付，保证货币流通各个环节的安全性。例如，"1DSrfJdB2AnWaFNgSbv3MZC2m74996JafV" 就是由一串由字符和数字组成、以阿拉伯数字 "1" 开头的比特币地址。如同他人向你的E-mail 地址发送邮件，他人也可以向你的比特币地址发送比特币，而持有这些地址所对应的密钥的人就可以支配这个地址里的比特币。

3）密钥。密钥是指跟地址一一对应的一个字符串，如 "5KJvsngHeMpm884wtkJN-zQGaCErckhHJBGFsvd3VyK5qMZXj3hS"。密钥是用户可以支配对应地址余额的充要条件，因为它（且只有它）可以生成一个数字签名，证明该用户是对应地址的密钥持有者，并且可以依此交易其中的比特币。

4）交易（TX/Transaction）。交易是指一个包含把一个或 N 个地址里的比特币转移到另外一个或者 N 个地址的信息的字符串。它需要经输入方地址对应的密钥进行数字签名方可被采纳。当一项交易被区块收录时，我们可以说它有一次确认。矿工们在此区块之后每再产生一个区块，此项交易的确认数就再加一。当确认数达到六及以上时，通常认为这笔交易比较安全并难以撤销。

5）钱包。最狭义的钱包就是一个或者 N 个密钥，它们可以储存在数据库里，或保存在纸上或者记忆中。特定函数把记在大脑里的口令唯一映射为一个合法的密钥，这个密钥所对应的地址就是钱包的地址。某种意义上比特币类似于黄金，密钥的持有人即比特币的拥有者，这一所有权不依赖于国家、银行或其他任意第三方。市场上存在专业的钱包服务，不过钱包服务却可能导致比特币双所有权的问题。

6）挖矿。挖矿是指 P2P 网络中某些节点通过竞争的方式为所有节点验证和归档交易的过程。交易的发起者通常会向网络缴纳一笔矿工费，用以处理这笔交易。

知识扩展

加密朋克运动

1992 年，加州大学伯克利分校的数学家埃里克·休斯（Eric Hughes）、英特尔前高级工程师蒂姆西·梅（Timothy C. May）和太阳微系统早期计算机科学家约翰·吉尔摩（John Gilmore）召集了他们最亲密的朋友举办了一场聚会，这次聚会讨论了世界上最棘手的编程和加密问题。聚会后来变得常态化，黑客裘德·米洪（Jude Milhon）将这个小组称为加密朋克（Cypherpunk），这是一种强调加密和解密的群体，其灵感也来源于20 世纪 90 年代盛行的网络朋克（Cyberpunk）。这个组织除了三位早期发起人之外，还包括一些后来大名鼎鼎的计算机网络界的人物：

● 大卫·乔姆（David Chaum），电子现金的发明者。1981 年发表的论文《无法追踪的电子邮件、回信地址和电子匿名》为匿名通信研究领域奠定了基础。1982 年发表的论文《非互信团体间计算机系统的建立、维护和信任》是已知有关区块链协议的第一个提议。1995 年成立第一家电子现金公司——DigiCash，推广使用第一种电子货币eCash。

● 菲利·泽默尔曼（Phil Zimmerman），创建了电子邮件加密软件 Pretty Good Privacy（PGP）[⊖]，以他名字命名的泽默尔曼法则表示："技术的自然流动往往朝着使监视更容易的方向发展"，"计算机跟踪我们的能力每十八个月翻一番"。

● 朱利安·阿桑奇（Julian Assange），维基解密创始人。

● 亚当·伯克（Adam Back），1997 年发明了使用工作量证明系统的哈希现金（Hashcash）。工作量证明用于对抗垃圾邮件，比特币借鉴了这一系统。

加密朋克运动对现代互联网核心开发者的影响是巨大而深远的，大多数加密朋克组

○　泽默尔曼因在 PGP 中使用 RSA 算法（目前使用最广泛的非对称加密算法）被美国展开刑事调查，指控他涉嫌违反《武器出口管制法》。美国政府长期以来一直将加密算法视为一种军用品，因此受到武器贩运出口管制，PGP 被禁止从美国出口。对泽默尔曼的调查持续了三年，但最终放弃起诉。

织的代表人物目前还在互联网领域继续作出杰出的贡献。加密朋克运动的参与者们可谓是当时那个年代（甚至直至今日）地球上最聪明的部分大脑，较早接触互联网的他们认为这一覆盖全球的网络系统将深刻改变人与人之间的交流方式，但也由此对个人隐私和信息的安全表现出了深深的忧虑。因此，决不能简单地将加密朋克文化影响下的开发者视为对现实不满的怪人。当今世界已经进入互联网时代，计算机技术人员对于技术的成熟掌握，使他们具备改变当今世界底层架构的能力，"code is law"的呼声传播的范围也迅速扩大，在亚马逊、微软、谷歌、Facebook等国际科技巨头的核心工程师中，加密朋克社区的影响仍然显著。

2.比特币的常见争议

关于比特币的介绍和分析的文献材料不断涌现，但在一些重点问题上还是存在较多的疑问，这些疑问导致了大众对比特币的误解，制约了比特币及数字货币配套基础设施、法律监管、应用场景的深度展开。本部分对比特币的一些常见疑问作简要回应，旨在打破那些对比特币和数字货币显而易见的误解。

（1）比特币没有国家信用背书，因此没有价值

前文已经论述，货币的价值并不仅仅来源于国家信用背书，更关键的是货币交换中蕴含的债权债务关系。比特币作为一种电子信息系统，利用UTXO（Unspent Transaction Output）保障交易主体对未来价值的索取权，接近于货币起源的本质。比特币与现实社会连接点越来越多，比特币矿工们投入的成本成为比特币重要的价值支撑。随着大量金融机构的布局和入场，比特币金融工具的成熟也为比特币价值的固定发挥了重要作用。比特币跨境支付的便捷给予了金融服务不发达地区民众享受金融服务的机会，比特币系统也因此有了落地应用的场景和价值。

（2）比特币真的能当货币使用吗？

一种适应当今交易节奏的货币需要满足价值稳定、使用便利、效率高等条件，而比特币却体现出价值波动大、交易速度慢、单位价值高等特点，似乎与合适的货币选择相去甚远，但也要根据具体情况分析比特币。

1）价值波动大。价值波动大主要是由于市场规模过小，操纵比较容易。比特币目前无法与传统资本市场动辄万亿的规模相比。比特币价值波动大的问题有望通过金融工具的创新、监管的逐步完善、市场透明度的提高得到缓解。金融和技术的创新能够解决比特币基础设施不足、风险对冲工具缺乏等问题，吸引外部投资者的进入，扩大比特币市场规模，进而稳定市场价格。

2）交易速度慢。比特币最初的愿景是成为民众可以广泛使用的电子货币，但是发展至今其更接近于一种具备投资价值的金融资产。比特币主网的交易速度仅为7笔/s，远不及支付宝在双十一期间每秒十万级的处理速度，因为分布式账本多重确认在效率上无法与集中式信息处理相提并论。但是比特币的闪电网络发展迅速，即一些小额交易在比特币区块链之外进行清结算，一定量或者时间段的清算结果再由比特币区块链确认，这样能够缓解比特币区块链的交易处理压力。

3）单位价值高。比特币价格非常高，单个比特币在支付场景可能并不适用。但比特币是可以分割的，比特币的最小单位是聪，一个比特币等于 1 亿聪，使用比特币的最小价值进行交易未尝不可。另外，目前数字货币配套服务逐渐完善，数字货币钱包的功能逐渐走向丰富和用户友好型，未来比特币等数字货币在用户体验上有望比肩传统电子货币。

（3）比特币的系统安全吗？

比特币的加密技术非常难以破解，在解密技术进步的同时加密技术也会进步，比特币的加密算法也能够革新。比特币系统依赖算力进行交易处理和挖矿，可能会有恶意的优势算力攻击系统，制造虚假交易。但是，优势算力按照既定规则进行交易处理和挖矿所获得的收益远大于攻击该系统可能获得的收益，这一使参与者自行衡量成本与收益的机制是维系比特币系统安全的重要基石。

（4）修改程序即可创造出新的"比特币"

有观点认为，比特币这类私人发行的代币复制成本并不高昂，只需要模仿相关的代码即可创造出新的甚至更优的数字货币从而替代比特币，同时太过杂乱的代币出现会导致数字货币市场不可持续。这种的逻辑推演并不可靠。

第一，参考黄金的历史可以发现，将元素周期表中物理性质（气体、液体）不适应作为货币以及开采难度过大的元素排除后，仅剩金、银、铂、钯、铑五种金属相对适宜作为货币。银币相较于金币更容易磨损且会失去光泽；铂的熔点太高，不宜用于铸造货币；钯、铑被发现得较晚。所以，黄金的使用是在长期的历史中形成了一定的价值共识，也即意味着在稳定价值确立方面，先发优势非常重要。比特币是最早的加密货币，而且是最严格遵循去中心化理念的，虽然比特币的历史不能与黄金悠久的历史相比，但在数字货币领域已经是历史最为悠久的数字货币了。

第二，从现实来看，比特币在数字货币市场起伏数个周期后，主导地位不断稳固。

3. 比特币的现状和未来发展

2021 年 3 月，比特币单价突破 6 万美元，总市值突破 1 万亿美元，加密货币总市值超过 2 万亿美元。如果将比特币的流通量和市值与主权货币相比较，比特币仅次于美元和欧元。加密货币交易平台 Coinbase 在美国纳斯达克上市，估值超过千亿美元。

虽然比特币的价值持续上涨并受到主流金融机构的认可，但货币当局和金融监管机构始终对其保持谨慎态度，发达国家的政府工作人员经常性地向金融市场传达比特币可能带来的交易风险。

与发达国家相比，我国对加密货币采取了更为严格的监管态度。2017 年 9 月 4 日，中国人民银行等七部委联合发布《关于防范代币发行融资风险的公告》，将首次代币发行（ICO）定性为"本质上是一种未经批准非法公开融资的行为"，对我国的加密货币交易行为进行了全口径禁止。2018 年 8 月 24 日，中国银行保险监督管理委员会、中共中央网络安全和信息化委员会办公室、公安部、中国人民银行、国家市场监督管理总局联合发布《关于防范以"虚拟货币""区块链"名义进行非法集资的风险提示》。中国互联网金融举报信息平台将"代币融资发行"列入"互联网金融举报范围"中。因此，提供包括比特币在内的加密货币集中交易服务或通过加密货币进行融资都属于非法行为，比特币不能作为公开市场中的交易资产。

随着比特币逐步为社会所知晓，比特币合规进程也在逐步加快，比特币等加密货币的交易市场必将继续加大。比特币作为一种金融资产有其存在的空间和合理性，比特币在部分政局和经济不稳定国家可能会充当货币，但在主流国际社会中不太可能挑战美元、欧元、人民币等强势的主权信用货币。

2.4.2　以太坊和分布式金融

1. 世界计算机——以太坊

以太坊（Ethereum）是一个基于区块链的软件平台，该平台的数字代币也称为以太坊，市值仅次于比特币，以太坊可在全球范围内以去中心化的方式交换信息和价值。

2013 年，以太坊由 19 岁的开发者 Vitalik Buterin 首次提出，他试图将比特币背后的区块链技术扩展到更多的场景。比特币的出现是对银行体系的挑战，但以太坊的创建者旨在使用类似的技术来替代在互联网中进行数据存储、资产抵押和流转的第三方。该平台于 2015 年正式启动，以太坊的理念是建立一个公平和运作良好的网络。以太坊尝试改变当今互联网上应用程序的工作方式，通过用自动执行规则的智能合约代替第三方中介，授予用户更多的控制权。

> **知识扩展**
>
> ### ERC20 与 NFT
>
> 以太坊网络内最常用的两种代币是 ERC20 与 ERC721。ERC20 是同质化的代币，代币（通证）之间是无区别的，相互之间可以直接交换，使用的方式也都是相同的，ERC20 的交换类似于一般等价物的交换。因此，在以太坊内开发的应用，在选择代币形式时一般选用 ERC20，同质化的代币在应用的生态体系内犹如货币一样可以通行，便于完成交易或者获取融资。而 ERC721 是非同质的，基于 ERC721 的代币被称为 NFT（Non-Fungible Token），NFT 之间相互不可转换，即每个通证都是独一无二的，NFT 的交换类似于物物交换。
>
> NFT 与传统领域也呈现出结合的趋势。2021 年 3 月，小牛队投资者马克·库班表

示，正在努力寻找门票转换为 NFT 的模式，NFT 能够让粉丝和消费者购买门票并转售。2006 年 3 月 21 日，推特 CEO Jack Dorsey 发布了世界上第一条推特，这条 16 年前的推特以 NFT 的形式被拍出 250 万美元的高价。当前，NFT 也出现了泡沫化倾向，这说明无论何种创新最终都要遵循价值规律。

2. 分布式金融（DeFi）

DeFi 是分布式金融（Decentralized Finance）的英文缩写，分布式金融是旨在摆脱传统金融中介机构束缚的加密货币或区块链金融应用的总称。

DeFi 的底层技术是区块链技术，这意味着它不受单一节点的控制。在传统金融中，中心化的金融机构因为系统和人工的单点处理可以限制金融交易的模式，包括金融交易的速度和复杂程度，同时用户对资金和资产的控制也依赖这些中心化机构。DeFi 之所以与众不同，是因为它将区块链的使用从简单的价值转移扩展到了更复杂的金融应用。

人们希望 DeFi 金融应用程序更具包容性并向传统上无法获得便捷金融服务的用户开放，但这种创新的金融技术可能存在不成熟的情况，尤其是在安全性或可扩展性方面。开发人员希望通过分片技术、跨链技术等手段解决可扩展性问题。

【小结】

数字货币之所以能够成为当下全球中央银行致力开发和应用的一项系统，正是因为央行数字货币背后蕴藏的价值，它能够在保护货币主权、解决货币政策和宏观审慎政策难点、增强经济金融稳定性、扩展跨境支付手段等诸多方面发挥重要作用。与此同时，以比特币为代表的加密货币，以及以 DIEM（原 Libra）为代表的私人数字货币和稳定币的故事也在不断更新，未来的世界货币体系充满想象的空间。

【习题】

1.（多选）根据马克思的观点，货币最基本的职能包括（　　　）。

　　A. 世界货币　　　　　B. 流通手段　　　　　C. 价值贮藏　　　　　D. 价值尺度

2. DIEM 项目的基本组成部分有哪些？其作用各是什么？DIEM 数字货币为什么能够保持币值的稳定？

3. 数字人民币相对于传统的支付手段，如纸币、第三方支付、银行存款，以及新兴支付手段比特币、DIEM，其本质的区别在哪？为什么我国禁止加密货币在境内的交易？

4. 拓展思考：目前比特币是货币吗？比特币价格飞涨背后的原因是什么？

第 **3** 章
区块链的运行机制

【本章导读】

区块链伴随着加密货币的诞生，逐渐进入大众视野，经过十余年的发展，在技术、架构、体系等方面不断完善，以其去中心化、去信任、公开透明、可追溯性、不可篡改等诸多特性，重塑信任关系，在信息流通过程中传递价值。随着一系列政策的颁布，区块链将占据科技领域的前沿阵地，为实体经济和传统产业发展注入新动力。本章将从区块链的基本工作原理和运行机制出发，重点介绍区块链在政务、能源、医疗、教育、产业金融等方面的应用，并列举行业经典案例，使读者了解区块链解决行业痛点、助力产业发展的新思路。

3.1　区块链的基本工作原理

区块链是指区块首尾相连而成的一条单向链，其本质是一种特殊的分布式数据库，基于去中心化的分布式账本技术构建多个具有同等地位的节点，不存在传统架构中的全局管理节点，而是通过共识机制，由各节点实现网络的自治。

需要注意的是，区块链与分布式数据库还存在一些不同。传统的分布式数据库可以删减或修改已保存的信息，通过多重冗余备份和数据对外保密来保证安全性。而区块链上存储的数据向全网公开，节点通过竞争和共识机制来获得查看和写入数据的权限，保留历史数据支持追溯，不允许单一用户私自篡改数据，使用加密技术实现系统的安全运行。

3.1.1　比特币的工作原理

比特币是一种基于区块链的加密货币，是区块链技术最早的应用，区块链是比特币的基础架构。虽然两者并不完全等同，但通过学习比特币的运行机制，我们可以理解区块链的基本工作原理。比特币的交易过程可总结为下面四个步骤：

1. 身份验证

在比特币这种去中心化的区块链系统中，不存在统一的集中式机构对网络中的节点进行管理和认证，所以在创建比特币交易时，要对交易双方进行身份认证。

这里涉及公私钥对和数字签名。简单来讲，加解密时，使用公钥加密，私钥进行解密。私钥由一个 32B 的数随机生成，再利用椭圆曲线加密算法计算出公钥，但公钥不能反推出私钥。在比特币网络中，公钥可以理解为需要发送到的地址，向某人转账就相当于将货币发送至对方的公钥。在数字签名中，私钥创建签名，公钥验证签名（见图 3-1）。数字签名是用来保障比特币交易安全的加密机制，能够防止数据被篡改，与现实生活中传统的个人签名一样，它能够证明交易的真实性，但与静态签名不同的是，这种数字签名在不同的交易中是不一样的。

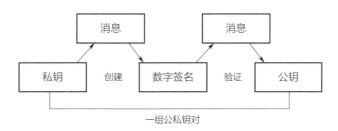

图 3-1　数字签名生成过程

假设 A 想与 B 进行一笔交易，两人之间的认证应当是这样进行的：A 要给 B 发送"Hello!"，先使用 B 提供的公钥对这条信息进行加密，同时使用自己的私钥生成数字签名，并附在消息密文后发送。B 收到消息后，使用自己的私钥解开密文，并通过 A 提供的公钥验签，得知是 A 发送的 "Hello!"。

比特币的交易链结构如图 3-2 所示。交易封装接收者的公钥，与公钥的加密类似，其作用是虽然 A 创建的交易可以通过 Gossip 协议传播到全网其他节点，但只有 B 的公钥可以取出这笔比特币。

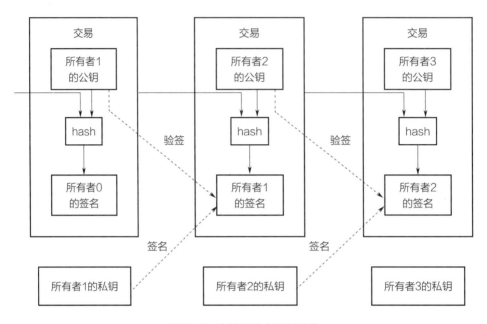

图 3-2　比特币的交易链结构

2. 交易确认

在比特币交易网络中，区块结构并不记录账户余额信息，而是记录交易信息，最后通过验证历史交易来确定资金归哪个账户所有。例如，A 要给 B 发送 5 个比特币，先要检索并援引自己收到比特币的历史交易信息，这部分交易记录称作进账。B 会核实查看那些进账，以及再往前所有的历史交易，来确保该进账没有被消费过，即 A 真正拥有 5 个或更多比特币。另外，如果 A 的进账金额大于 5 个比特币，这笔交易也必须将进账金额用完，给 B 发送 5 个比特币后，剩余的比特币会退还到 A 的新建账户。这一规则是为了避免不同交易分多次使用同一进账信息，导致进账被重复使用。

3. 交易记录

如果遍历 A 所有的交易记录，确认其有足够的比特币进行支付，那么该笔交易被认为是合法交易，B 会将交易信息保存在内务池中，并向比特币网络广播。当某一节点成功完成挖矿（基于加密哈希进行的穷举随机数），由其他节点验证随机数是否正确，通过验证后，该节点就最终获得了交易记账权，将 A 与 B 的交易打包进区块中，加盖时间戳并连接到所维护的链上，然后将包含该交易信息的区块全网广播，其他节点收到后，也将区块记录到各自延续的链上。至此，A 完成向 B 的转账，交易信息被记录到区块链上，无法更改。

4. 重复支付和分叉

假设 A 只有 1 个比特币，却同时与 B 和 C 两人进行交易，且都花费了 1 个比特币，如果两笔交易都被成功确认，就称作重复支付（也有人称之为双重支付或双花）。为了进行双花攻击，A 把与 B 的交易向一半网络进行广播，把与 C 的交易向另一半网络广播，如果矿工 M 挖到包含 A 与 B 交易信息的区块，与此同时，不同区域网络的矿工 N 也挖到包含另一条交易信息的区块，两人把区块发布给周围的节点，这时区块链就会分叉。后续区块会选择性地延续在其中一条分支后面，当两条链长短不一样时，比特币规定选择最长的链进行扩展，较短的那条链及链上的交易就会失效，涉及的交易方将承担相应的损失。

为了避免这种情况发生，比特币设定了"等待六次确认"机制，即等待后面至少 6 个区块都承认此区块后，才能确认交易完成。

3.1.2　协议层

协议是指进程之间进行数据交换时的一套规则。计算机网络中采用分层的架构，其中 OSI（开放式系统互联）模型有七层。如果两台主机的进程要进行通信，实际上并不是两个应用层之间相互通信，而是从主机 A 的应用层发送指令，数据经过一系列封装，向下到达 A 所在的物理层，由物理层将比特流传至 B 所在的物理层，再往上进行解封装等操作，由此实现 A 到 B 的数据通信。这里的协议是指对等实体之间的通信规则，包含语法、语义和同步三个要素。常见的互联网协议有 TCP/IP、UDP、HTTP 等。

区块链中的协议指的又是什么呢？

1. 协议层概述

区块链的架构可分为协议层、扩展层和应用层三个层次。协议层是最基础的架构层，负责维护网络中的各个节点，仅提供接口以供调用。它又可以细分为网络层和存储层，两者彼此独立又相互关联（有的说法将存储层单列出来，划归到基础设施层中，由存储设备和通信信道等组成）。

协议层对于区块链而言，相当于一座高楼的地基，包含最核心的技术，用来构建网络环境、设定节点奖励规则、保障节点安全等，而在其上的具体交易细节并不由它负责。存储层实现区块上的数据存储，其读写性能及存储量等因素直接影响系统的整体性能。网络层的各个计算机之间相互连接，形成分布式节点，通过挖矿和投票等共识算法（Consensus Algorithm），将得出的数据迅速传送至存储层进行加密储存，最终实现节点的正常运行和数据的安全存储。

2. 协议层所用的技术

协议层所用的技术有网络编程、分布式数据存储、共识机制、加密算法、数字签名技术。网络编程通过使用套接字来实现进程间通信，需考虑选择编程能力强的语言，以实现 P2P 网络和并发处理。分布式数据存储技术较为常见的有 IPFS（InterPlanetary File System，星际文件系统）、DHT（Distributed Hash Table，分布式哈希表技术）等。共识机制主要有 PoW、PoS 和 DPoS 等。加密算法和数字签名技术已经较为成熟。

3. 协议层与应用层

区块链的应用层封装并呈现出各种应用场景，从直观上理解，与 Web 上的搜索引擎或手机上的应用程序较为相似，是用户可以接触到的产品，如 DAPP。当前，有不少区块链从业者讨论协议层和应用层哪个更重要。上文说到协议层是根基，如果协议限制了区块链应用的性能、隐私性、扩展性等指标，那么处在顶层的应用就很容易受到限制，没有底层技术的成熟，区块链自然也就不能融入实体经济。但这并不代表应用层不重要，如数字人民币就属于应用场景。应用层的需要可以使得协议层的技术更加成熟，协议层的完善也会促进区块链的多方应用。

之所以说数字世界中区块链处于协议层的位置，是因为区块链的块链式数据结构、共识机制、加密算法等基础技术都处在协议层。应用层是用户可以接触到的，而智能合约、各种侧链都属于扩展层的开发，可与协议层进行交互。目前来看，区块链的底层技术还在发展，基于区块链协议层的位置，来实现上两层的开发应用，使区块链技术真正落到实处，以体现其实用价值。

3.2 产业区块链的运作机制

3.2.1 区块链中的节点

区块链中的节点可以分为全节点和轻节点。全节点保存完整、最新的区块链数据，可以独立校验所有交易。比特币网络中的全节点具有挖矿、钱包、网络路由、完整区块链四项功能。

1. 比特币的节点发现机制

比特币采用基于 P2P 的网络结构，那么比特币网络如何发现其他节点呢？

如果节点是首次启动，地址数据库为空，且用户没有通过命令方式指定节点，可以启用 DNS（域名系统）种子或硬编码种子，快速发现其他节点地址，获取后中断与种子节点的连接。若非首次启动，将根据地址数据库的信息，自动连接至上次连接的节点。新节点接入时，可以使用命令行传递随意指定节点的地址实现连接。

2.以太坊的节点发现机制

以太坊底层的 P2P 网络使用 Kademlia 协议（简称 Kad）完成节点的快速发现，这种协议使用分布式散列技术存储数据，以异或运算或反向操作公式为距离度量基础。Kad 的路由表也称为 K 桶，记录了节点标识、距离、IP 地址等数据。以太坊的 K 桶共256 个，依照到目标节点的距离排序，每个 K 桶最多包含 16 个节点，网络节点间的通信协议采用 UDP（用户数据报协议）。

3.2.2　更新账本

1.区块同步

当节点新加入区块链，或曾断开连接的节点重新恢复连接，都要进行区块同步，使数据达到最新状态。同步时首先要发送 version 信息，其中包含当前区块高度，这是区分区块链新旧的一个重要标识。节点运行时，每隔一定时间就会广播自己的区块高度，通过与对等节点比较顶端区块的哈希值，得知其他节点的区块数，若自身区块高度小于对方，则发送 getdata 消息请求传输数据，相应节点收到请求后作出响应。一个节点的同步过程通常分散在许多节点，直至更新到最新区块为止。

在以太坊中，区块有三种同步模式：full、fast、light。full 模式对应比特币的全节点模式，light 模式与轻节点模式类似，fast 模式介于两者中间，即直接从网络中同步状态数据，而不是在重放交易中计算状态数并下载，由此快速实现了同步。

2.交易验证

一旦一笔比特币交易被创建，就会立即广播至相邻节点，收到的节点会对其进行验证，若验证有效，则继续传播，并返回给交易发起者肯定的信息，否则，收到的节点将拒绝转发该交易信息，告知发起者这笔交易无效。通过各个节点的有效验证，正确的交易信息将迅速传播，恶意的交易将会被拦截，而不会对整个网络造成大规模影响。

3.区块验证

节点对区块的验证包括：

1）检查区块大小是否在有效范畴内及语法是否有效。

2）检查该区块的难度是否大于当前最长合法链。

3）检查区块哈希值是否满足挖矿难度要求。

4）检查时间戳是否合理。

5）检查区块包含的交易的默克尔（Merkle）树根值是否正确。

6）检查区块内所有交易是否均为合法。

如果满足以上所有条件，则判定该区块合法。

3.3 "+区块链"和"区块链+"

3.3.1 "+区块链"与"区块链+"的区别

从区块链1.0（数字货币），到区块链2.0（智能合约与数字资产），再到如今的区块链3.0（产业区块链），区块链以其去中心化、公开透明、可追溯性和不可篡改的特性，正在迎来更广阔的发展前景。目前，区块链的应用场景可以分为两类："+区块链"和"区块链+"。"+区块链"是指从业务自身出发，分析找出应用痛点，设计解决方案并提供需要的技术，也就是为传统业务补缺堵漏。"区块链+"是指对多个相同类型的场景，分析其共性痛点，借助区块链本身特征打造系统，在链上重构产业，创造出具有变革性的新应用场景。

3.3.2 "+区块链"的应用实例

1. 物联网与区块链结合

物联网按字面意思来理解，就是物物相连的网络，但它又不是一种全新的技术，而是互联网的延伸，是互联网在物与人的各种组合形式之间通信的应用。准确来讲，物联网通过智能传感设备，采集、感知物品信息进行数据交换，从而实现智能化的识别、追踪、定位及管理。物联网主要应用的技术有射频识别（RFID）、嵌入式系统技术、无线通信等。

在长期演进的过程中，物联网的应用越来越广泛，产业链也日趋完善，但当前物联网存在一定的发展瓶颈，行业痛点显现，成为制约技术发展的重要因素。

1）中心化架构不适合接入数量庞大的终端。按照目前收集终端设备的信息，并将其全部发送到中心服务器计算处理，再将结果返回的做法，整个环节开销较大。首先，随着接入的设备越来越多，中心服务器存储空间受限、处理性能降低，服务成本却激增。其次，对设备所处的网络环境和运行稳定性的要求逐渐增强，在网络质量不佳的地方，设备常常出现失联的问题。

2）数据安全和个人隐私得不到保障。物联网采集的信息中，一大部分是家居、金融、医疗、教育等隐私性的数据，这些数据由中心机构处理时，并不能保证不被泄露。其次，在数据传输的过程中存在安全问题，信息量庞大的数据缺乏加密保护，极易受到恶意拦截。

3）通信兼容和多主体协同问题。出于安全方面的考虑，物联网节点之间往往选择封闭式自我管理，使用的语言也不同，一方面阻碍了设备之间的通信，另一方面在个体、企业和多个运营商协作时，需要的信用成本较高。

利用区块链的去中心化、安全通信、多方共识建立信任等优势，可以解决物联网发展的问题。分布式架构可以建立多个节点，点对点互联实现对等主体间通信，不需要完全信任中心服务器，解决了接入数量限制的问题，也降低了传统架构的高额运维成本；使用密码学算法完成信息加密和隐私保护，降低用户信息泄露和遭受网络攻击的风险；借助身份认证权限管理和共识机制，识别并阻止非法节点入侵；分布式架构也有利于多节点之间的信息横向流通与协作。在物联网中融入区块链技术，可以为物联网的发展注入新动力。

案例 3.1 **新加坡 Yojee 的区块链物流车队调度系统**

互联网时代催生出电商行业，物流业背靠电商，发展势头迅猛，但快递物流在为消费者提供便捷服务的同时，也出现了包裹遗失、冒领快递、隐私泄露、投诉赔付困难等问题。

针对这些物流配送的问题，新加坡公司 Yojee 给出了解决方案。他们开发出了一款在手机上操作的物流车队调度系统 App，为物流公司提供路线实时监测、取货及交付确认、开票，以及评价司机服务质量等功能，解决了以往调度成本高、耗时长、易出错的问题，且安装使用 App 的门槛较低，不会对中小企业产生过大负担。

该调度系统使用人工智能技术，进行物流车队的自动协调分配，降低人工分配成本和时耗，也便利了司机与物流公司的交付。大数据与区块链结合，存储车队运输路线和日程安排，智能合约自动选择行驶路线，并不断优化安排，提高效率。Yojee 还利用区块链的自动化、公开透明、记录可溯源、防篡改的特性，跟踪记录订单信息，货物从装载、运输到交付的全过程在链上可随时查验，确保了信息的可溯性，用户也可以清晰地掌握物品的最初来源和流向。链上记录不可篡改，可避免因虚假或篡改的信息引起交易纠纷。

2.5G 与区块链结合

5G 具有高速率、低时延、大容量的特点，而且允许海量设备接入，使得万物互联成为可能。5G 致力于实现连续广域覆盖，根据工业和信息化部发布的统计数据，2020 年我国 4G 基站总数达 575 万个，而与 4G 相比，5G 需要更密集的基站，这也就意味着 5G 商用首先需要投入高昂的建设成本。2019 年电信和联通两大运营商联合发布了 5G 共建共享战略。除了电信运营商，还需要其他社会资源参与共建，这其中的资金流转和监管问题，需要区块链来提供协助。同时，区块链可以重塑各节点信任，打造互信式共建共享。IBM 为该项目提供了区块链基础设施和智能合约，并交给 TM Forum 协作项目，希望吸引更多厂商和电信运营商开发投资，更好更快地促进 5G 建设。

从 5G 自身来看，它有着超越 4G 的卓越特性，但是 4G 存在的知识产权确权、隐私信息安全、虚拟交易信任成本过高等问题，仍然没有被解决，这会在一些方面限制它的发展。而区块链技术拥有不依赖中心节点、重塑信任关系的优势，通过数据加密保护交易信息和个人隐私，利用链上数据不可篡改、支持追溯的特性来进行版权保护。区块链与 5G 结合，能够推进数字社会、智慧城市、资产上链等领域的进一步发展。区块链技术可以为 5G 提供基础服务，例如：搭建去中心化网络基础设施 DNet，每个用户所持的电子产品都是一个微基站，可以大幅度减少电信运营商搭建基站的成本；借助智能合约变现用户移动设备的闲置流量，协助电信运营商广泛建立 5G 基础设施，推进 5G 落地应用。区块链技术在基站建设和后期发展上为 5G 助力，为数字化经济提供安全保障和信任解决方案。

案例 3.2 **甘肃省区块链（移动）创新孵化基地**

2020 年 1 月，甘肃区块链信任基础设施平台启动上线，让甘肃在我国区块链发展中跟上发展步伐。为了加快区块链与 5G 的深度融合，使以区块链为核心的技术发挥出信息制高点的优势，丝绸之路信息港股份公司与甘肃移动达成"5G+ 区块链"合作意向，成立甘肃省区块链（移动）创新孵化基地，为区块链科技公司、高校和研究院提供"云、网、链"服务，推进区块链应用的试点和试用 。

创新孵化基地将有效推进各类区块链创新应用落地，创新性地实现在工业互联网、政务数据共享开放、农产品溯源、文化版权保护等领域的应用，显著推动大数据中心产业集群建设。2019 年 10 月，区块链服务网络（BSN）正式内测发布，已上线的节点达到 98 个。甘肃移动于 2019 年将兰州市打造为全国第 18 个商用 BSN 的城市，并开始部署甘肃省其他市的 BSN 城市节点。该项目于 2020 年 3 月 26 日建设完成，标志着甘肃 BSN 的成功搭建。

3.3.3 "区块链 +"的应用实例

1. 区块链 + 政务

随着区块链技术的不断发展，政府开始逐渐重视这项技术带来的影响，不少国家已经将区块链上升到国家战略高度，将发展和扶持区块链产业作为工作方向。就我国而言，2019 年区块链应用落地最多的领域主要是政务，占比达 30% 以上。在 2020 年政府工作报告中，各地政府将区块链视为推进产业结构优化升级、打造数字智能社会、促进经济增长的支点，大力筹备建设区块链政务应用。目前，政务方面的区块链应用场景主要集中在司法存证取证、税务、行政审批、不动产登记、电子票据等方面。

日常生活中，票据是个人和企业买卖商品后报销或纳税的重要凭证。目前，政府税务工作面临的痛点有：

1）市场上有些发票不合标准，同时存在虚开发票、发票造假冲抵成本的现象，给税务管理和稽查带来不便。

2）虽然目前电子发票正在推广，但仍有部分问题没有解决。例如普通用户的发票以电子邮件形式存储，可以多次下载打印，存在漏洞；同时，由于公司数字化报销机制不完善，存在仍需要在报销时打印发票的"伪电子化"问题。

3）对企业而言，重复报销、多次入账，辨别是否经过图像处理伪造假发票，这些环节都较为麻烦，特别是小微企业，还需要额外购买并搭建增值税发票平台系统，耗费较高的税务费用。

4）对税务局而言，企业和税务机构之间信息不对称，不利于税务部门掌控多方经手的发票，监管及后期的稽查成本较高。

当前，我国税务行业迈进全面信息化的新时代，电子发票被广泛使用，它具有的优点有以下五个方面：发票票面样式简洁明了、领用方式简单多样、远程交付更便捷高效、管理成本低廉、电子签章适应发票电子化改革需求。全新的无纸化发票形式响应绿色环保节能号召，简化发票的开具、入账、报销、储存等环节，有效降低纳税人成本，提升税务业务办理效率，保障国家税收，规范发票管理。

区块链给出了税务链优化电子发票的解决方案：区别于传统简单的电子发票，区块链电子发票把资金流与发票流组合在一起，将发票开具和线上支付结合起来，构建了完整的发票从开具到报销的体系。

案例 3.3　东港瑞宏区块链电子发票

2018 年，北京东港瑞宏科技有限公司（下文简称东港瑞宏）与无锡井通网络科技有限公司（下文简称井通科技）合作成立电子票据区块链实验室，推出区块链电子发票产品，通过电子发票联盟链，构建税务部门、电子发票第三方平台、区块链技术提供方、财务系统、报销系统五个方面来联合运作的新生态。从发票发行及领购，到第三方支付、开具电子发票并存上链，再到报销报税，链上可查验，实现整个流程一站式、一体化管理。使用多中心化实现电子发票数据的全网流转，高效互联互通，并使得发票数据存续不依赖政府和中心化服务平台，永久保存可查询，数据化和上链处理也使得审计和稽查更加便利高效。解决了发票数据各环节独立封闭的信息孤岛问题，全网电子发票不可篡改，有集体共识且可追溯，降低了操作风险，提升了运作效能。同时，东港瑞宏还可为不同纳税企业单独制定个性化的电子发票服务，拥有基于增值税电子发票的纸电一体化、增值税发票管理等多项服务。当前,东港瑞宏已经在电子发票领域有了很多成绩(见图 3-3)。

东港瑞宏区块链电子发票具有税务管控、智能合约开票、受票个体归集、报销企业无纸化报销四大核心功能，以及开具入账报账全流程上链（见图 3-4）、基于底账库的电子发票上链（见图 3-5）和基于现有税控设备的电子发票上链（见图 3-6）三大应用场景。

图 3-3　东港瑞宏电子发票发展历程

注：该图取自瑞宏网官网。

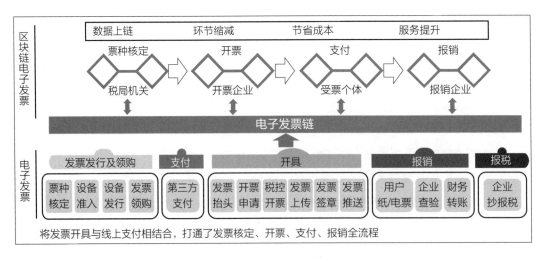

图 3-4　电子发票开具入账报账全流程上链应用场景

注：该图取自瑞宏网官网。

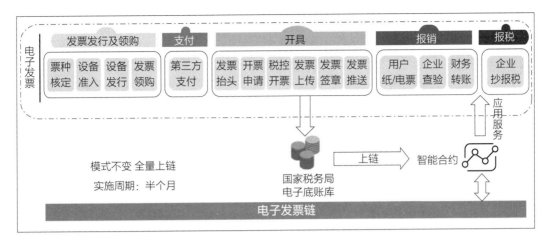

图 3-5　基于底账库的电子发票上链应用场景

注：该图取自瑞宏网官网。

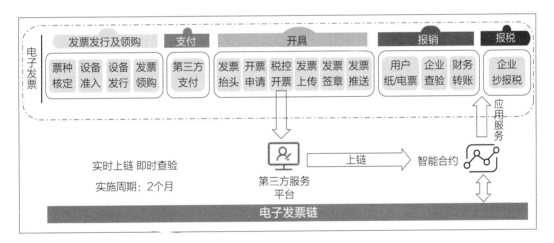

图 3-6　基于现有税控设备的电子发票上链应用场景

注：该图取自瑞宏网官网。

　　东港瑞宏区块链电子发票为开票企业提供便捷高效的接入方式，同时也为开票企业降低接入成本，推进国家政务数字化改革，打造智慧型服务，推动财税现代化制度建设，共建数字化财税新模式。

2.区块链 + 能源

　　近年来，全球能源需求减缓，能源转型成清洁型新能源态势明显，能源供给结构存在不少问题，如供给垄断、价格不合理波动、转型缓慢和缺乏供给动力等。在国家推行供给侧结构改革以来，虽已有一些成效，但阻力也愈发明显。

　　从城市治理层面来看，水、电、煤炭和燃气等能源对城市来说十分重要，城市经济发展和居民的生活以及其他许多方面都离不开能源。下面以城市电网平台为例，探讨区块链如何赋能电力交易，助力发展智慧城市和可信城市管理。

案例 3.4

国家电网青海电力基于区块链的电力应用

传统的电力业务交易大多是双边或多边交易模式，资质证书需要在多方之间流转，对其真实性的核查烦琐耗时。当用户在线上办电时，政务平台、银行征信系统和电力局之间存在信息壁垒，导致各个环节进度缓慢、效率低下，同时产生了许多不必要的成本。

国家电网青海电力利用区块链技术，通过共享储能实现供需联动和"发—储—配—用"精准调配、安全校核和自主交易，不仅提升了储能企业资源利用效率，也实现了新能源最大化消纳。基于区块链技术重塑多方信任关系，可提高协同工作运行效率。

2020年6月，国家电网青海电力正式推出绿电App，针对政府、企业和用户开发了三个不同感知模块，实时显示三十多项绿电指标，致力于服务三方，全面分析青海清洁能源利用情况；提供便捷的"绿电"信息移动共享平台，提升个人和企业的清洁能源使用参与感和环保责任感；利用区块链和大数据技术实现客户用能分类溯源，采集并分析用户各项能源的消费电量，并计算风、光、水、火等能源消费结构电量占比，优化能源产出和分配。

3. 区块链 + 医疗

医院存储的病情信息最初分为纸质病历和电子病历，因纸质病历携带不便、不易保存、效率低、医生字体难以辨别，存在诸多不便，已经在向电子病历过渡，基本实现了包括中小医院在内的医疗数据信息化。但因为电子病历由各家医院独立保存，形成了信息孤岛。一方面，传统中心化数据库如果出现单点故障或遭恶意攻击，隐私信息泄露影响巨大；另一方面，患者就诊信息分散，而各家医院"术业有专攻"，跨地区转院要进行的数据交接，以及排队重复挂号、就诊等流程过于烦琐，给患者带来不便。另外，冒用处方开药、使用过期处方购药也极易造成医疗乱象。

案例 3.5

百度区块链电子处方流转平台

在医疗数据信息化的过程中，产生了诸如医疗信息共享困难、信息孤岛、隐私安全等许多隐患。2019年，百度超级链推出区块链医疗健康服务系统，构建医疗大数据网络，解决当前医疗行业的数据互通共享和信息安全问题，提高医院服务水平和效率并加强监管，使群众就医更加便捷、安心。

百度区块链电子处方流转平台将患者、医院、药店及监管平台有机结合起来，医生诊断信息、电子处方、药师审核结果、取药送药及支付信息记录在链上，并联合互联网法院和公证处、仲裁委员会等多家权威机构，备份链上信息，使电子处方不可篡改、可追溯，增加了公信力，就医取药过程更加安全便捷（见图3-7）。

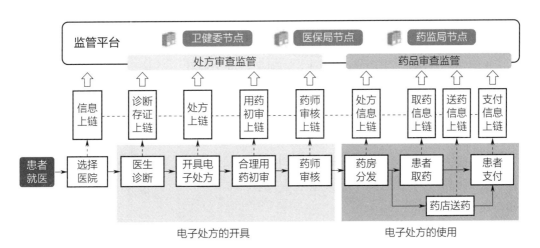

图 3-7　百度区块链电子处方流转平台

医疗行业不同方面的痛点及百度区块链给出的解决方案如下：

1）慢性病患者多次复诊，重复挂号、就诊及之后的整个过程，不仅困扰患者自身，也造成了其他患者的不便，医疗资源被占用，医院看病效率低。针对这一问题，电子处方流转平台可以帮助进行线上问诊，流程简洁快速，处方安全流转。电子处方原数据和个人签字、机构盖章数据、处方流转过程都记录在链上，这些信息不可篡改。同时，使用智能合约来实现数据的读写，并为不同业务提供与之对应的接口调用。一旦某一环节出现问题，监管部门可定位出来问题所在，然后对其进行查处。

2）医疗数据中有详细的隐私信息，例如患者的手机号、身份证号、家庭住址等，或者是某些特殊疾病、家族遗传病史。为保障患者个人隐私，要进行数据加密上链，患者对其进行数字签名。私钥随机生成，由自己保管，公钥由外部认证机构根据私钥计算发布，真实身份信息保存在链下的存储器上，这在极大程度上保护了患者隐私和病历数据安全。

3）各家医院之间、医院与药店之间存在信息壁垒，处方不易进行安全共享，给患者购药带来不便。针对这一问题，百度区块链给出的方案是构建联盟链，用多节点联盟网络实现电子病历的多方流转和共享。

基于此平台，整个流程可以概括如下：患者可以去医院面诊，也可以预约医生远程诊断，医生根据病情和患者需求开具电子处方，提交至专业药师处进行审核。审核通过后，电子处方流转至药店阶段，平台根据处方和合作药店商品的价格形成订单，以短信等信息推送给患者，并提供支付跳转链接。患者选定订单完成支付，并通过个人数据上链，来保证购药过程透明化，方便监管部门监管，防止出现冒用他人处方或使用过期处方的现象。药店收到订单与对应患者的电子处方，并验证个人身份和处方信息，最后将药品配送到家，足不出户即可完成一系列看病流程。

4. 区块链 + 教育

随着信息化社会的深入发展，线上教育打破了地理和时间的限制，为渴望获取知识的人们提供了更加广阔的学习空间。特别是后疫情时代，疫情防控常态化使得面对面教育的困难和麻烦倍增，急需进行教育资源的信息化转型，为区块链在教育方面的应用奠定基础。

传统教育存在的痛点可以总结为以下几点：

1）教育资源极度不平衡，发达地区和贫困地区学生受教育的水平和程度存在很大差距，而大部分学校之间不能大范围地共享教育资源和经验成果，教育扶贫计划也阻碍重重。

2）学历造假成本低，造假事件频发，假学历和假证即便受到严令禁止，也依旧在市场上流通泛滥。企业不能从中准确筛选出合格的人才，即便学历证书是真的，也不能快速辨别应聘者的能力与证书是否相符。

3）学术界的版权问题日益受到重视，将学术成果分享至互联网上，初衷是为了知识的传播，但近年来抄袭和知识侵权的学术不端行为时有发生，侵害原创者的权益。而维权需要被侵权者自己收集证据，整个过程相当困难，维权成本高且通常讨不回公道，长久以来，打击苦心研究的学者的创作热情，阻碍学术界的健康发展。

工业和信息化部 2016 年颁布的《中国区块链技术和应用发展白皮书（2016）》中提到，区块链系统的公开透明、数据不可篡改等特性，完全适用于学生征信管理、升学就业、资质证明等方面。区块链推动信息互通共享，有利于教育资源的多方共享和教育成果的跨校跨域交流；建立终身学历档案，全程记录学生的学习历程和成果，利用区块链数据的留痕和不可篡改特性，避免学历造假，便于企业挑选需要的人才。另外，区块链在确权和维权方面具有很大优势，可以实现对版权流转过程所有权的溯源，还可以消除各方的信息不对称，降低维权成本。

案例 3.6

MIT 区块链学位证书

看过《围城》的人，一定不会忘记方鸿渐那张"克莱登大学"的文凭，他在国外买到的这张假文凭，回国之后竟被大家信以为真。即便是现在，也仍旧有人可以花钱"定制"虚假学历。当前学信网集中存储学生数据，不法分子会先查询同名毕业生，再利用漏洞潜入学信网，获取该毕业生的各项信息，而后轻松伪造学历证书，混入人才市场获取工作机会，给企业招聘造成极大困扰。

2017 年，麻省理工学院（MIT）和 Learning Machine 合作，开发了一个名为 Blockcerts Wallet 的应用程序，参与试点的一百多名毕业生拥有了自己的区块链学位证书。这个应用程序在学生下载时，会自动生成公私钥对，将单向哈希值存到区块链上。公钥发送给学校，将数字记录保存在学生毕业证的数字副本中，私钥打开应用程序即可访问，拥有私钥就证明拥有这个数字证书。当所有者将数字文凭分享给其他人时，他们可以通过使用链接或上传数字文件来验证证书的合法性。这种方法不需要将真正的文凭信息存储到区块链上，而是用学校所加盖的时间戳来证明，确实是麻省理工学院认证过的毕业生。

Learning Machine 首席技术官克里斯·贾格尔表示，即使很多年后，作为证书颁发机构的学校不再继续运营了，这些证书依然有效，并且可以进行验证，这是根本的改变。这其中利用了区块链数据的永久保存、不可篡改的特性，保证学历信息的可查验。

3.4　区块链赋能实体经济与产业金融

区块链随着比特币的问世而进入大众的视野，顶着"下一代互联网"的闪耀光环，在经历了数字货币被疯狂追捧、资本短时间大量涌入的泡沫后，引发行业融资乱象，比特币一度暴跌，政府不得不介入监管数字货币和资产交易。而后，区块链被讽刺为无用的技术，被质疑是一场骗局。当浮于表面的泡沫破灭，行业经历了低谷时期以后，越来越多的人开始关注这项新生技术的更深层，思考它真正的方向。

随着区块链关键技术的日渐成熟，企业根据自身需求，主动寻找区块链解决方案，并借助业内调整和市场验证机制，形成行业适用的区块链方案。从企业区块链，进一步发展成为行业区块链，将区块链赋能实体经济和产业金融，实现产业区块链的落地和发展，帮助传统产业革新升级，提高产业效率，已是时代之势。

3.4.1　区块链赋能实体经济

实体经济是指一个国家生产的商品价值总量，包括物质和精神层面的产品生产、流通以及服务等经济活动，是一国经济的立身之本。区块链与三大产业融合，赋能农业、建筑业、制造业、服务业等，可以帮助传统实体行业实现商业模式革新，推动数字化转型。本小节选取了制造业这一重要的第二产业板块，剖析行业痛点，阐述基于区块链的解决方案并列举出实际案例。

可将制造业分为中间商品制造和终端商品制造两大领域，而这两大领域及其供应链环节都存在行业痛点。

首先，提供商品零件的中间商品制造商难以预测最终在市场上流通的该商品需求量，需要与销售终端建立充分的信任，才可投产，否则，盲目投产将导致产能过剩，生产的零件没有销售出路。这部分制造商还面临融资难、账款结算复杂、回款难的问题，即贷款购买原材料和设备进行加工，但迟迟收不回商品销售后的回款，无法进行再生产。

其次，终端商品制造商不能盲目与上游供货商签约生产，需要进行广泛地市场调研，收集当前阶段消费者的需求，还要从消费者处获得反馈认可，做到按需生产、柔性化生产。

最后，作为制造业最终面向的对象——消费者对商品的来源和流通过程不明晰，无法辨别商品真伪，只能靠不断试错来选择质量优良的商品。

案例 3.7

基于蚂蚁链商流平台的景德镇陶瓷区块链产业

蚂蚁链商流平台是蚂蚁链推出的一个区块链产品，可以实现可信品牌价值、可信数字物权、可信供应链、支付宝官方背书，通过一体化的信用服务将企业信用回归到自身，通过数据源头和流转可信，帮助企业实现资质自证、商品价值自证、行业共识自证；提供快速连接金融服务保障资金流转，通过企业自证将经营数据数字化，促进电商企业新资产获得金融投资服务。该平台有着简单易用、多样化的接入方式，可以快速赋能产业。

由于瓷器的辨别基本都是依靠专家鉴定，行业内没有可以推广的统一认定标准，赝品在陶瓷市场上严重泛滥，破坏瓷器文化，影响瓷器制造业的良性发展。传统营销模式遭遇瓶颈，陶瓷烧制企业面临经营与融资难题。如何辨别瓷器真伪，树立商品口碑，成为解决行业痛点的关键问题。

2020 年 6 月，景德镇接入蚂蚁链商流平台，推动陶瓷产业上链。景德镇瓷器供销体系通过蚂蚁链商流平台技术，打通瓷器产品、交易、资金、流量等多方协同要素，实现瓷器生产和流通的全过程信息上链，以公开透明和不可篡改特性，提高商品可信度，降低多方之间的信任成本；为陶瓷制造企业构建自证体系，提高融资效率，实现信用资产流转，加速产业数字化转型；为消费者提供溯源服务，且无须额外花费鉴定费用，使其可以放心地购买瓷器商品。

3.4.2 区块链赋能产业金融

产业金融依托特定产业，通过两者的相互融合，推动产业发展，使金融助力产业创造更多价值。区块链赋能产业金融，整合产业链上的相关企业和金融机构信息，提供数字资产凭证、资产证券化管理、智能贸易等一站式金融科技服务，在资金流转的过程中，消除上下游企业与金融机构之间的信息孤岛，降低信任成本，实现各方之间的信息共享和价值传递，助力产业高效、低成本地完成数字转型升级。

案例 3.8

基于区块链的招商银行信用卡中心 ABS 项目管理平台

趣链科技利用自主开发的 Hyperchain，为企业、政府、产业联盟提供底层技术、解决方案及一站式服务平台，探索区块链的多领域应用场景。2019 年初，趣链科技为招商银行信用卡中心构建基于区块链的 ABS 项目管理平台（见图 3-8）。该方案的价值主要有以下几点：

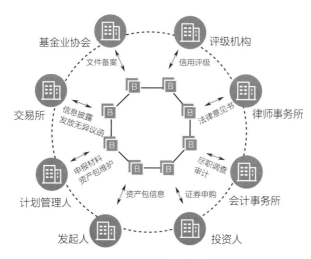

图 3-8 ABS 项目管理流程

注：该图取自趣链科技官网。

1）增强资产可信度和公信力。将申报材料、资产包信息等记录在区块链上，各节点对信息验证过后达成共识，信息不可篡改。由于区块链数据可追溯，资产状态变更记录完整地保存在链上，投资人可以清楚地了解从申报、审核、申购到挂牌的全过程，提高资产的可信度。

2）提高产品流动性，降低融资成本。基础资产、证券化产品信息、存续期披露信息存储于区块链账本，信息透明且具有公信力，降低发行方融资成本。同时，底层资产的透明可信使得投资人可以洞悉资产的具体收益和风险情况，增强投资人信心，从而吸引稳定投资客户，促进产品流通。

3）缩短发行周期，提高业务清算效率。区块链为多方提供安全可靠的自主协作模式，解决信任问题，缩短发行周期。在区块链上运作的资产证券化项目，免除了传统业务中由第三方机构协调管理，耗费资金和时间进行的多方对账，智能合约使得资金清算更加高效便捷。同时，各机构也独立进行业务运作，实现了效率与灵活机动性的完美平衡。

4）提高监管效能。区块链完整记录了资产全生命周期及项目全流程，各类信息不可篡改，支持回溯，便于监管部门进行数据统计和信息审查。

基于区块链的 ABS 项目管理平台实现了参与方协同管理、项目文件上传并长期保存等功能，优化了反馈和监管机制，可清晰呈现整体项目进度，提高了项目推进效率。

【小结】

本章介绍了区块链的基本工作原理和运行机制，阐释了"＋区块链"与"区块链＋"的区别，重点着眼于区块链的应用场景，通过具体案例分析，直观展现了区块链如何"脱虚向实"，赋能实体经济和产业金融，解决传统行业痛点，加速产业数字化转型。

【习题】

1. 简述比特币的交易流程。

2. 试比较全节点和轻节点的异同。

3. 请简要说明更新账本要经过哪几个过程。

4. 简述"＋区块链"与"区块链＋"的区别并举例说明。

5. 尝试分析区块链还能在哪些行业落地并为其发展助力。

第 **4** 章
区块链技术原理与关键组件

【本章导读】

区块链并不是一项全新的技术，它是分布式存储、点对点传输、共识机制、加密算法以及智能合约等技术的集成体，它的创新之处在于对原有技术的融合与升级。本章将着眼于技术方面，先介绍区块链分布式账本中的基本概念，而后重点介绍区块链的关键技术，并穿插了一些技术的典型应用。读者可以在了解区块链底层构造的基础上，依次学习这五项基本技术及每项技术在区块链中所起的作用，再将它们联系在一起，对区块链的工作原理及运行机制会有更深层次的理解。

4.1 区块链技术概述

从技术角度来看，区块链是一个去中心化、公开透明、只可查询和写入数据而不能删除和修改数据、多节点参与共识和维护的新型的分布式账本。每个包含交易信息的区块按照连接的先后顺序首尾相连，形成一个特殊的单向链式结构，链上可以记录交易、写入智能合约。交易信息在上链之前被打包进区块中，成为区块数据的一部分。智能合约是区块链上一段编好的代码，不同于传统的交易协议，智能合约一旦被触发，就会自动按照代码指令严格执行。

4.1.1 分布式账本

分布式账本是一种多个成员参与记录、分布式存储的数据库，由 P2P 网络和共识机制作为支撑，成员间可以跨越时间和地理上的限制，共享、复制和同步数据。网络中的每个参与者都有一个独立的账本和一个相应的副本，当账本变化时，副本也会进行相应的更新。

区块链是一种特殊的分布式账本，记账权通过竞争来获取。网络中的某个节点如果最快且最准确地完成随机数的猜测，经过多个节点验证后得到共识，即可获得记账权，并将新写入的账本信息同步给其他节点备份，使网络成员都拥有完整的实时账本。不同于传统的分布式账本，区块链的账本数据公开透明，使用数字签名技术和共识算法验证参与者身份是否合法。区块链的账本记录永久留痕，历史数据支持追溯，公开透明方便监管，单一用户通常不可以私自篡改数据。区块链使用加密技术实现系统的安全运行。

4.1.2 块链式数据结构

1. 区块数据的结构

区块是区块链的存储单位，保存着连接到链上时所打包的所有交易信息。通常情况下，所有数据区块会被多个对等节点保存，存储在每一个参与者的服务器中，所以，即使单个节点发生故障，对整个系统的区块数据和区块链的运行也不会产生影响。

区块数据包括区块头和区块体两部分。区块头中保存的是前一区块的哈希值，以及一些用于验证的信息，比如比特币区块中的版本号、表明区块生成时间的时间戳、用于工作量证明的随机数和挖矿难度等，还包含了默克尔树根哈希值。区块体中保存的是该区块打包的具体交易内容，以及涉及每个交易信息的默克尔树。

默克尔树是一种特殊的二叉树，它使用哈希指针代替普通指针，所有交易数据以叶子节点形式存在，计算每个交易的哈希值，两两配对生成双亲节点。如图 4-1 所示，计算交易 1 和交易 2 的哈希值 Hash1 和 Hash2，可以得到上一级节点的哈希值 Hash12。在默克尔树中，非叶子节点逐层保存哈希值，根节点的哈希值保存在区块头里。

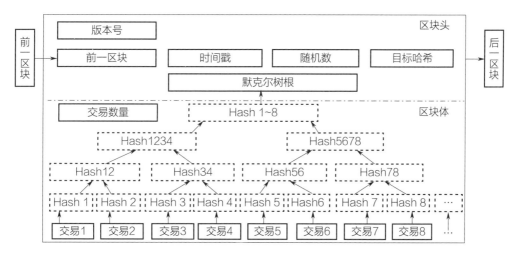

图 4-1　区块数据的结构示意图

2. 链式结构

区块链的链式逻辑是由哈希指针来实现的，所有的区块按生成时间顺序连成链。除创世区块（每条链最开始的区块）外，每个区块都要保存前一区块的哈希值，而包含前一区块哈希值的自身区块头，将计算生成本区块的哈希值，供下一区块连接时使用。

这样的结构使区块链可验证存储顺序，同时具备了不可篡改的性质，因为篡改交易会引起区块头信息改变，进而影响下·区块的哈希值，使后续区块无法识别和连接。哈希指针使得区块链有"牵一发而动全身"的特点，大大增强了区块链数据库的可信度。

4.1.3　记账模型

区块链的记账模型有 UTXO 模型和 Account 模型两种。

1. UTXO 模型

UTXO 的全称是 Unspent Transaction Output，即未消费交易输出。UTXO 模型应用于比特币。比特币是基于交易的账本，系统不显示每个账户的余额，账户所有者甚至都不能立刻说出自己拥有多少比特币，而是需要根据 UTXO 给出的交易输入及输出数据来计算推断。UTXO 是普通交易的输出。与普通交易相对的是 Coinbase 交易，其由矿工挖矿产生，无输入且输出地址指向矿工账户地址，矿工进行一笔交易，这笔钱就进入比特币交易网络而变成普通交易。

UTXO 模型的优点是账户地址经常发生变化，以及不记录余额，这两点使得其隐私保护性较强。UTXO 模型也可以验证交易的真实性和交易发生的顺序。但是对于一些更复杂的逻辑，UTXO 模型并不适用，因为其编程性差且状态空间利用率低。

2. Account 模型

以太坊采用的是 Account 模型，其以账户为单位记录状态变更，交易时只需要检查账户余额是否足够（余额信息保存在全节点维护的状态中），不用说明所持有的以太币的来源，也不用把多余的以太币转移到另一个地址。这种模型更贴近日常生活，银行、支付宝、微信都采用 Account 模型记账，联盟链也大多采用 Account 模型。

4.2 分布式数据存储

数据存储的方式经历了直接附接存储（简称直连存储）、集中式存储、分布式存储三个阶段。直连存储是指存储端与服务器通过计算机系统接口直接相连，扩展性和灵活性差。集中式存储通过外部 IP 地址和 FC（光纤信道）网络互连，可连接的设备类型丰富，具有一定的扩展性，但对存储设备的搭建和性能要求较高，扩展能力有限，安全性也较差。集中式存储若发生单点故障，或设备达到生命周期需要更换时，海量数据的迁移也耗时耗力。当信息时代到来数据开始爆炸式增长，前面两种存储方式显现出弊端之时，分布式数据存储成为新的发展趋势。

4.2.1 概念及特征

分布式存储是指将数据分散存储在多台独立的设备上，将庞大的计算、存储压力分担到多个节点处，利用索引等功能定位存储位置，各设备之间通过网络通信对节点资源进行管理。分布式存储具有以下几个方面的特点：

1）可扩展性。传统存储方式受限于接口数量和设备自身性能，"一对多"的管理模式不能满足大规模存储的需要。而分布式存储系统允许更多的节点加入，设备数量可扩展，同时系统整体资源和服务能力也可再扩展。

2）易用性。多节点通过网络通信，沟通和交流更加便利，不需等待中心节点服务，可以直接交互和共享资源，运行效率也大大提高。

3）可靠性。不依赖某个中心节点协调管理，若分布式架构中的单个节点崩溃或退出网络，对其他节点的影响也极小，整个系统的运作更加安全稳定。

4）高性价比。系统中不需要性能极好的设备，普通、廉价的计算机也可以承担部分计算和存储工作，而准入门槛的降低获得的却是高性能计算和海量存储，达到了低成本高收益的效果。

4.2.2　分布式哈希表

分布式哈希表技术是一种分布式存储的方法，常用于结构化的 P2P 网络。

下面以一个形象的例子来解释它：当我们要在图书馆查找书籍时，由于各类书目分布式存储在不同的馆厅，一个个去查看是完全不可能的，但如果我们知道书名，在索引表的帮助下，将书名映射到具体摆放保存的书架，就可快速找到需要的书。

分布式哈希表技术通过建立哈希值与存储地址的对应关系，达到了分布式存储的目的，同时也实现了快速查找，为存储节点的管理提供了很好的思路。

4.2.3　区块链的分布式结构体系

区块链的开源、去中心化特性建立在其分布式架构之上，区块链的本质就是拥有共识机制的分布式数据库，该数据库的实现由分布式记账、分布式传输、分布式存储三个步骤组成。首先构建多个分布式网络节点，节点之间通过竞争获取记账权，再通过分布式记账确定哪些数据可以被打包进区块，盖上时间戳后生成区块数据，然后通过点对点的分布式传输发送到各个节点，通过共识机制验证后，允许与上一个区块进行连接，其他节点更新同步数据，并最终实现分布式存储。

1. 分布式记账

分布式账本是一种网络参与者都持有账本，可以实现交易的记录、共享、复制和同步的数据库。这种多节点共享的账本中记录了资产交易或数据交换，可以在不同的机构、区域和国家共享和同步数据。

从硬件角度来看，区块链是由大量的信息记录存储器构成的网络，那么怎样记录网络中的交易呢？以比特币为例，不存在某个矿工能一直记账，而是网络中的所有参与节点都有机会记账，各个节点之间进行算力竞争，率先抢得记账权的节点可以把自己收到的验证有效的交易纳入区块中。这就相当于把一个会计的工作任务分散开来，每个网络节点都可以成为"会计"。

2. 分布式传输

区块链的分布式传输所必需的是一个 P2P 网络。新区块的产生要获得认可，就需要分布式传输，即由单个节点发送数据给其他节点。P2P 网络中的每个节点既可以发送数据，也可以接收数据，通常大部分节点都会承担中继转发的任务。这样，账本上的交易记录就被广播到全网各个节点处。

3. 分布式存储

通过网络中大部分节点的共识验证，确认区块和交易记录有效，其他节点就会更新同步这些记录，将区块中的数据存储到自己的数据库中。由于区块链的分布式账本是将所有的交易记录都存放在全节点处，轻节点也可以通过向全节点申请，获得它们所储存的完整的交易信息，所以几乎不可能在这种分布式存储的情况下，更改已存储的交易记录。

通过这三个步骤不难发现，区块链系统中的交易记录、区块验证、信息交互、数据存储都是去中心化的，这也大大提高了系统的安全性能。

4.3 P2P 网络与点对点传输

区块链的一大关键技术就是点对点传输，它又称为 P2P 网络技术，是指不依赖少数几台服务器，而是依赖多个网络节点自身的算力和带宽的网络技术。

4.3.1 P2P 网络与 C/S 架构

传统的 C/S 架构（客户 / 服务器结构，也叫主从式架构）中，设备有服务器（Server）和客户端（Client）之分（见图 4-2），服务器通常是性能强大的计算机，客户端一般就是提供本地服务的个人计算机，多个客户端围绕一台服务器运作。例如在浏览网页时，我们从自己的计算机发起请求，服务器从数据库中搜索出相应的信息，返回到客户端的浏览器中。

在这种架构中，如果两个客户端想要进行通信，就必须要经过服务器，它为两者提供通信中介服务。这个过程可以理解为在淘宝上购物时，客户下单一件商品，并不是直接把钱转给了卖家，而是先转给淘宝保存，等到确认收货以后，才会把相应金额划给卖家。淘宝平台充当中介服务器，解决买卖双方信息不对称和信任的问题，但当这个服务器遭受攻击出现故障时，或者中心节点不诚实，整个系统就会完全崩溃。

而 P2P 网络是一种在对等实体之间分配工作和网络负载的架构，与分布式存储密不可分。P2P 网络的各个节点分散分布，通过网络共享计算、处理、存储能力等资源，不存在能够管理和控制其他节点的中心节点，各个节点没有主次之分，可以同时是客户端和服务器，既能提供资源和服务，也能从别的对等节点处获取资源和服务。P2P 网络的架构如图 4-3 所示。

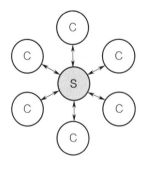

图 4-2　C/S 架构

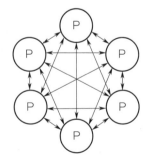

图 4-3　P2P 网络的架构

4.3.2　P2P 网络的结构形态

按照节点连接和资源定位方式的不同，可将 P2P 网络分为两种：非结构化的 P2P 网络和结构化的 P2P 网络。

非结构化的 P2P 网络中，节点不具备任何特定组织的特征，参与节点随机与其他节点进行通信。与剧烈流动性活动（例如某些节点频繁地加入或离开网络）相比，非结构化的 P2P 网络被认为具备鲁棒性。虽然易于构建，但在执行搜索和查询功能时，需要尽可能多的节点共同参与，因此非结构化的 P2P 网络需要更快的 CPU 和更多的内存空间。这也让网络容易发生堵塞，尤其是在仅有少量节点参与计算的情况下。

结构化的 P2P 网络的一种典型形式就是分布式哈希表结构，它利用特殊的网络拓扑连接各节点，通过网络协议可以实现高效检索。但这种结构化的 P2P 网络也存在问题，即节点的进出会对网络拓扑产生较大影响，要保持稳定，就需要具备一定的自适应性。

4.3.3　点对点传输

区块链是建立在 P2P 网络基础上的。点对点系统首先要建立初始连接，或确保之前的连接有效，为了维护各自的历史交易数据，需要使网络中各个节点之间保持同步。节点关注的是添加到链上的新区块中包含的新交易数据，如果有这类数据产生，节点需要进行数据传输，更新到相同状态。

4.4　共识机制

区块链作为一种分布式多节点系统，是通过异步通信方式进行网络通信的。所谓异步通信方式，是指发送方可以在任意时刻发送数据，而接收方需要时刻作好准备等待接收数据。至于同步通信方式，需要设定同步时钟来协调时序，发送方以固定的时间间隙来发送数据，时钟漂移和传输延迟有限。在一个异步系统中，需要各节点互相复制状态，达成一致的状态共识。但异步网络没有统一的时钟，如果接收不到应答，就分辨不出是因为节点崩溃而引起的发送端出错，还是因为网络拥塞引起的传输时延过长或网络故障引起的丢包。为了避免这些信息在系统中不受管制地传播，需要通过共识机制在异步网络中达成安全可靠的状态共识。

区块链中的大多数节点都有一个独立的账本，保存交易的完整信息，且节点可以在自己维持的链上增添新区块。但是，如果多个节点各自记账，节点状态和数据的同步就会显得非常混乱，系统无法满足一致性和有效性要求。所以，区块链的共识机制需要解决如下问题：如何挑选出一个节点来获得记账权，将这个节点组合而成的最新区块连接到链上，使各个节点储存得到一致共识的信息。

下面将介绍公有链的主流共识机制 PoW、PoS、DPoS，以及私有链、联盟链的分布式一致性算法 Raft。

4.4.1　PoW 机制

1. PoW 中的挖矿过程

PoW（Proof of Work，工作量证明）是比特币所采用的共识机制。比特币挖矿是对哈希不等式 Hash（block header）≤ target 的求解，区块头中包含一个需要求解的随机数 nonce，与时间戳、默克尔树根哈希值、前一区块哈希值这些已知或不难得知的参数，一同组成区块头，作为哈希函数的自变量输入。

基于加密哈希的随机数猜测需要矿工进行大量计算，且随着区块被挖出来，后面的挖矿难度会进行自动调整，使比特币系统的新区块产生速率保持在 10min 一个，不会出现难度值忽高忽低或依靠运气碰到简单易算的"题目"，所以挖矿所需的平均算力和成本很大。PoW 类似于多劳多得的逻辑，比特币系统靠分布式节点的算力竞争记账权，算力最强、进行工作最多的人获得记账权和区块奖励。而对于由小概率事件组合而成的工作，得到结果意味着必然进行了大量的工作，因此可以将满足要求的哈希值作为工作量的衡量标准。

PoW 系统中的验证者发布具有一定难度的任务，工作者完成的任务需要满足事先给定的难度条件，且验证者可以迅速对工作量进行检验。这也正是哈希函数的一个特性，即逆向难寻，正向易解。

2. PoW 的共识过程

比特币网络的共识记账可以描述为：

1）账户产生新的交易，向全网广播记账请求。

2）各记账节点收到请求，在猜测随机数的同时，将交易信息保存在本地内存池中进行验证，验证通过则存入"未确认交易"，等待节点获得记账权后将其打包。

3）当有节点找到了满足难度的随机数，将其广播到全网等待验证。

4）通过验证后，该节点就拥有了记账权，近千笔未确认交易被打包进区块中，节点广播区块，其他节点表示认同，链向该区块之后延伸。

3. PoW 的优缺点

PoW 的优点在于：一是完全去中心化，不用统计网络中有多少节点，获得多少投票数，避免了中心化所需的成本；二是以算力作为衡量标准，网络攻击者必须具备全网 51% 以上的算力才能破坏共识，对系统造成恶意影响，但这需要很高的成本。

而它的缺点也是显而易见的：首先，矿工使用高算力设备花费大量金钱进行的穷举随机数，是与数据记录无关的，这不仅造成了算力的耗费，而且在现实中耗费了大量的电力能源；其次，当前普通个体或小规模矿机已经很难挖出区块，必须联合起来，造成了算力的集中化；最后，对难度的限制使得出块速度较慢，达成共识所需周期长，不适用于商业交易。

4.4.2　PoS 机制

PoS（Proof of Stake，权益证明）是通过拥有权益的节点来进行网络共识的机制。拥有一定数量的加密货币就能换取权益，这类似于公司中股东们所持有的股份，所以也被称作股权证明机制。Peercoin（点点币）使用的就是这种机制。

在这一体系下，如果仅仅依据拥有加密货币的多少来决定记账权，那么将会造成"富人永远富裕"的情况，新区块将一直由单一用户生成。为解决这个问题，开辟了两种新思路。第一种是通过用户最小哈希值和权益比例随机选择，比如 BlackCoin（黑币）和 NXT（未来币）采用此方法。第二种是基于币龄的选择法，即根据持有权益的时长和权益比例来决定，投入越多就越有可能记账，但与最开始的方案不同的是，一旦某一节点成为记账者，就会进入一段时间的冷却期，重置持币时间，阻止了"大股东"操控区块链。

4.4.3　DPoS 机制

DPoS（Delegated Proof of Stake，股份授权证明）是对 PoS 的优化，先通过权益投票选出记账节点，再由记账节点轮流记账。

EOS 区块链使用的就是 DPoS，可以描述为：所有持有 EOS 币（柚子币）的人都可以成为候选节点，能为他人投票，也接受别人投票，占股多的人拥有的票数就多。也就是说，持股越多，越容易选出自己认同的节点来记账。最后选取票数最高的 21 个节点组成记账节点群，可以生产区块。

这 21 个节点随机排序，选出当前记账节点，其生产的区块经 2/3 以上记账节点确认后，即可获得奖励，也是根据占股比例来分红。而后将记账权传给下一个节点。每个节点的记账时间都是固定的，一轮过后重新选出记账节点群。

DPoS 的优点是减少了参与验证和记账的节点数，缩短了达成共识所需的时间，而且如果节点有恶意或者不作为，就会被剔除出去，所以是比较安全稳定的。但同时它也带有一定的中心化思想。

4.4.4　Raft 算法

Raft 最初是用于管理复制日志的共识算法，也是基于状态机复制的协议。区块链中通过 Raft 来达成共识的过程如下：任一服务器都可成为 candidate，请求其他 follower 服务器推选自己作为 leader，只要得到一半以上的票数，它就拥有绝对权力管理指导记账，此后，若该 leader 崩溃，则选举产生新的 leader；客户端发送记账请求，leader 接收其交易记录，生产出区块并完成记账，其他节点复制该区块的内容。

该算法的优点是引入专门的 leader 简化管理记账，快速实现共识。这种高效率共识和强一致性的算法，更适用于多方参与的分布式商业模式，常用于私有链和联盟链中。

4.5 区块链密码学

在区块链中，密码学是保障信息机密性、完整性，以及交易不可抵赖性的关键技术，直接影响到系统运行的安全性。区块链中使用了哈希函数、加密算法、数字签名等现代密码学技术。

4.5.1 哈希函数

1. 概念及特征

哈希函数也称为散列函数，位于区块链技术架构的数据层。在哈希函数中输入任意长度的消息序列，通过有限时间内的计算，产生固定大小的输出，这个输出被称作哈希值。对于一个确定的哈希函数，无论输入的长度如何变化，输出的长度是不变的，选择不同的哈希函数，输出的长度才会不同。

哈希函数具有以下几个性质：

1）抗碰撞性（Collision Resistance）。哈希碰撞是指对于不同的输入，经过函数映射后，得到了相同的输出值，比如哈希值是 H（m）可以认为是消息 m 的摘要。抗碰撞性是指找不到一对 m 和 m'，对两者求哈希值得到的 H（m'）与 H（m）恰好相等。虽然理论上不能通过严格的数学证明，推导出一个哈希函数具有抗碰撞性，但也在实践中发现很难人为制造哈希碰撞。

2）不可逆性。当输入空间足够大（实际中输入空间不够大时，可在输入后面拼接随机数），且各输入的取值较为均匀时，已知哈希值是不能倒推出输入值的。

3）不可预测性。哈希值的运算事先是不可预测的，对于一个已知的输入，是无法直接看出运算结果的。如果想要得到一个确定的哈希值，必须遍历输入空间，一个个进行尝试。这也是对不可逆性的印证。例如，在比特币挖矿过程中，若需要新区块的哈希值小于目标值，这就需要大量计算得到满足要求的随机数。挖矿很难，但其他节点验证时只需要计算一次，也就是哈希函数正向运算效率高。

4）输入敏感性。对于相差很小的输入，输出的差别也非常大，所以可以通过哈希值的变化，来反映原输入是否被篡改。

2. 应用

1）信息摘要与消息验证。由于哈希函数具有抗碰撞性和输入敏感性，不同输入得到的哈希值不会轻易相同，而使用哈希函数对一个消息求摘要，能将可变长信息转换为等长输出。这在实际中可使数据存放和获取更为节省存储空间。同时，信息摘要也可用于消息认证，即通过比较哈希值的变化确定消息的完整性，检测该消息是否被伪造或篡改。区块链的不可篡改性正是基于哈希函数的抗碰撞性。

2）快速检索与比对。在区块链中，将交易按时间排序后计算哈希值，以默克尔树的形式存储，通过比对哈希值可以判断两组数据是否相等，也可实现数据的快速定位。

3）保护预测。下面是一个在现实应用中的例子。对某一事件进行预测后，如果不作任何处理直接将预测结果公布出去，预测内容很有可能会对事件的进展产生影响。采用哈希函数便可以解决这个问题。把预测结果作为输入，经哈希函数计算出一个哈希值并公布出去，由于不可逆性，无法以之推断出原预测结果。等事件发生后再揭晓预测结果，又由于抗碰撞性，预测结果不能改变，否则之前的哈希值就会变化，以此来验证预测结果是否准确。

4.5.2   加密算法

加密算法就是一对数据变换。加密变换应用于原始消息（即明文），产生的相应数据被称作密文，解密变换就负责将密文还原为明文（见图 4-4）。加解密操作通常在一对密钥的控制下完成，主要负责数据的安全传输，保护数据机密性。目前，主要依据加解密密钥是否相同将加密算法划分为两大类：对称加密算法和非对称加密算法。

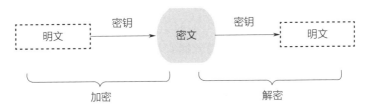

图 4-4   加解密过程

4.5.3   数字签名

数字签名类似于现实生活中传统的个人签名，但又有特殊之处。首先，手写签名通常以文字形式签在纸上，而数字签名是对数字消息进行的操作。其次，数字签名是对完整的消息进行运算，得到的结果（如哈希值）可以用来检验信息是否被篡改，因为一旦出现极小的改动，结果也将变化，所以数字签名可以有效防篡改，保证数据准确性和完整性。最后，手写签名容易模仿伪造且不易查验，而发送方使用私钥对哈希函数运算出的信息摘要进行签名，接收方用发送方的公钥验证签名，可以利用数字签名实现身份验证，还可还原出哈希值检验数据是否正确。

4.5.4   其他隐私保护技术

公有链是公开的数据库，公开透明意味着可监管，但又带来了新的隐私问题，如何在能够验证交易正确性的同时，又不透露具体的交易信息呢？区块链目前采用的是同态加密、环签名、零知识证明等隐私保护技术。

1. 同态加密

同态加密是指在不提前使用私钥还原出明文的前提下，直接对密文进行运算操作后解密，得到的结果与直接在明文上计算的结果相同。

现实应用中，同态加密有很高的需求。例如，用户的运算能力不足以对大量隐私数据进行处理，需要引入第三方辅助计算，但又不完全信任第三方，此时就可以采用同态加密，将数据加密后发送，经第三方处理后返回加密结果，只有用户自身才可以解密。整个过程保证了数据处理者无法接触到具体信息，用户隐私不会被泄露。同态加密使用在区块链上，可以使区块链保持公开透明的属性，但加密数据又可操作，例如使用智能合约处理密文，不会触及具体数据，实现了隐私保护。

2. 环签名

签名者选定自己所在的环，利用私钥和环中其他成员的公钥独立生成签名，验证者可以验证签名属于这个环，但不知道具体是哪个成员。环签名提供给签名者可匿名的权利。比特币中就使用了环签名和隐身地址，门罗币也应用了环签名，以满足交易发送者的匿名需求。

3. 零知识证明

零知识证明是指在不透露具体知识内容的条件下，使其他人相信自己拥有这一知识。零知识证明基于概率验证，若证明者拥有该知识，则总能成功通过质询，使验证者相信；反之，若没有该知识，虽然存在概率通过，但经过多次询问，全部猜测成功的概率极小，几乎不存在，大概率无法通过验证。由于不会暴露知识本身，零知识证明技术在隐私保护方面有着重要作用，适用于区块链的隐私场景，如在不泄露具体交易细节的情况下，向第三方证明资产转移的真实性。Zcash 应用零知识证明技术，不需要透露具体交易信息，即可向验证者证明交易真实存在。

4.6 智能合约

4.6.1 智能合约概述

早在 1995 年，受自动贩售机的启发，著名比特币研究学者和密码专家 Nick Szabo 首次提出了智能合约这个概念，几乎与互联网概念的提出处在同一时期。根据他给出的定义，智能合约是一套以数字形式定义的承诺，包括合约参与方可以在上面执行这些承诺的协议。

在智能合约出现以前，交易双方使用的基本都是拟定好的协议或合同，来使彼此建立信任。对于涉及信任关系的一些事件，可以用智能合约替代传统的协议与合同，例如给保险、股权等金融产品设置一定的买入卖出条件或支付、抵押协议，如果满足条件，就执行相应操作。与口头约定和纸质合同不同，智能合约的协议逻辑是通过代码实现的，一旦符合并触发合约中设定的条件，就启动程序自动执行相应的操作，不会受人为干预而改变或停止。

图灵完备的智能合约可以用来建模现实世界中各种形式的业务，智能合约之间的交互又可以进一步影响实体之间的交互，包括数字货币的支付和资产所有权的转移等。

智能合约运用到区块链中，将具备以下优势：

1）去中心化。智能合约无须第三方信任机构介入，消除中间机构的判决和仲裁，代码程序就是规则。

2）高效性。由于没有第三方权威或中心化机构存在，减少了等待服务的时间，智能合约发布到区块链上，满足条件即可自动执行和验证，保证在任何时刻响应用户请求，执行效率大大提高。

3）准确度高。条款和将触发的操作是提前制定好的，并由计算机实现绝对控制，无人为干预引起误差的问题。

4）低成本。减少了第三方机构和人为的干预，就不需要耗费大量人力、物力来实现合约的履行、裁决、执行与监督，大大降低了运行成本。

5）不可篡改。区块链中的智能合约一旦被发布到区块链上，就如同区块内的数据一样被永久保存，不可更改，所以也要求在部署前反复核查合约的合理性。

6）分布式监督和仲裁。区块链各节点都可运行智能合约，对合约的执行过程和结果的准确性起到分布式监督的作用。

4.6.2　智能合约的运行机制

智能合约是写在区块链上的代码，通常来说，以合约生成、合约发布、合约执行这三个步骤实现合约的顺利运行。

1. 合约生成

智能合约是区块链上的多个节点共同参与制定的，为用户之间提供信任化交易服务。用户要参与制定合约，首先要注册进入区块链，再通过多方协商交流，拟定一份明确各方权利和义务的承诺，将这些承诺通过编程语言编译成数字形式存储起来，参与者使用各自的私钥对合约签名。

2. 合约发布

当智能合约编码完成后，会通过 P2P 网络在全网广播，各节点收到后保存合约，等到下一轮统一进行共识，各节点根据收到的合约集合，计算出哈希值，形成区块结构进行广播，其他节点通过比较哈希值，决定是否认可该合约。经过多轮广播、接收和比较后，各节点达成对最新合约集合的共识。

经过认可的最新合约再次广播到全网进行验证，与存储交易数据的区块类似，区块头包含父区块的哈希值、目标节点的哈希值、达成共识的时间戳、默克尔树根哈希值及其他验证信息，区块体包含具体的智能合约集。此时的验证主要是参与制定合约用户的私钥验签，确保合约的有效性后，这个区块才可被连接部署到区块链上。

3.合约执行

智能合约会定期检查与合约相关的事务和合约的触发条件，将满足条件的事务缓存到待验证队列中，等待下一轮共识对其验证。如果该事务通过了大多数节点的验证，就会按照合约中的所有条款自动执行，直至最后一条，然后将合约状态更新为完成，并自动从区块中移除。

4.6.3 智能合约与区块链

1.智能合约对区块链的适用性

区块链的问世为智能合约的使用和推广带来了新生机。一方面，区块链数据不可篡改，一旦将构建好的智能合约发布到链上，就不能再更改，所有交易都是可追踪、可溯的，避免了现实生活中因合同制定方后期反悔而引发的纠纷；去中心化的特性降低了传统交易中第三方介入裁决带来的高信任成本；区块链的加密算法保护了智能合约不易受到攻击，多方计算达成共识的机制可以分辨出合约的真伪，使攻击成本提高，保证合约安全稳定运行。另一方面，区块链的自动化可以由智能合约来辅助实现，利用智能合约制定一致的规范和协议，可使整个系统不受第三方干预，自动验证和传输数据，提高了处理效率，这恰好是智能合约的优势所在。

2.智能合约与区块链2.0

智能合约不是区块链的产物，它早于区块链的诞生，但区块链的特性与智能合约的应用不谋而合。2013年，以太坊白皮书发布，以太坊成为第一个将智能合约与区块链结合起来的平台，它的问世标志着区块链从1.0过渡到2.0时代。

以太坊被称为图灵完备的公有链，就是因为它提供了智能合约机制。区块链2.0阶段的显著特征是智能合约的应用。基于其去中心化、高效性、准确度高、低成本和不可篡改的五大特征，代码即法律成为智能合约部署的口号。区块链与智能合约相互促进，以自身发展推动彼此共同前进，开拓更广阔的应用场景。目前，已有很多面向区块链的智能合约开发项目，其中一部分已经实现初步落地应用。

4.6.4 智能合约的应用场景

1.数字身份

用户基于智能合约，构建包含信用程度、数字资产、文件或社交数据的数字身份，相当于个人在网络上留下的轨迹，用户选择性地共享这些数据，智能合约帮助用户自主管理、控制并使用数字身份，企业不需要采集客户隐私数据即可验证交易，还可与用户更好地进行信息交互，同时也提高了合规性和弹性。目前，有关数字身份的项目有 Evernym 和 SelfKey 等。

2. 溯源

智能合约可以应用于基于区块链的物联网和零售行业，实现商品从生产到消费的全生命周期溯源，将商品的产地信息、质检信息、物流信息等特征数据上链保存，达到打击盗版和假冒伪劣商品的目的。目前，知名的区块链溯源平台有 Everledger 和 Ascribe 等。

3. 保险

智能合约可以简化复杂的保险理赔业务，下面以飞机延误险为例进行说明。将乘客的身份信息、延误险的订单以及飞机的实时状态记录在区块链上，一旦飞机不能按时抵达，智能合约触发，自动进行一系列检索、查验和审核过程，将赔付款转账到乘客的账户里，乘客无须在机场和保险公司之间辗转，实现了高效理赔。医疗保险同理：当患者满足就诊报销条件，立即执行智能合约，患者不用等待层层上报审批，医院也不用垫付费用，使看病报销省时快捷，提升患者的就诊满意度。

4. 还款

当用户请求贷款时，可将其各个银行卡账户绑定，并提前告知用户，智能合约设定到约定期限需履行还款义务，可以自动从用户的银行卡扣除费用，如果余额不足，则继续向下执行抵押房屋等不动产，避免了到期抵赖不还款，或是忘记还款造成信誉损失，保障借款人的权益。

【小结】

本章主要介绍了区块链分布式存储、点对点传输、共识机制、加密算法四大核心技术，以及区块链 2.0 时代发挥重要作用的智能合约，从技术层面剖析了区块链。其中，分布式存储和加密算法是数据层面的技术，为区块链提供底层支撑，点对点传输针对网络层，共识机制和共识算法构成了共识层，智能合约则属于应用层。区块链是将这些计算机技术融合而成的新型应用模式，学习这些技术，可以更好地理解区块链的工作原理。

【习题】

1. 简要概述区块链的五大技术的定义和机制。

2. 试画出区块链的结构示意图，标明区块内部存储的内容以及链式结构如何实现。

3. 区块链的分布式架构是如何形成的？

4. 比较 C/S 架构和 P2P 网络的异同点，说明 P2P 网络具有哪些优点。

5. 简述点对点传输的过程。

6. 简述各种共识机制有何优缺点。

7. 试述利用公钥密码体制进行加解密操作。

8. 试列举智能合约的其他应用场景，并说明智能合约如何应用在该场景下。

第 **5** 章
区块链与其他技术的融合应用

【本章导读】

以数字技术推动创新与变革为重要特征的新一轮科技和产业革命浪潮势不可挡，区块链技术有利于拉动经济快速稳定增长、社会科技创新，从而进一步推进国家治理体系和治理能力现代化。区块链技术可以发挥其桥梁作用，区块链与其他信息技术的融合在推动各行业、各领域之间的互通互联、互惠互信，构建多层次的新型应用场景，实现新兴基础设施建设行业与领域间的互通式发展等方面显得至关重要。区块链与其他技术融合发展是顺应时代潮流的，也是区块链加快落地应用必经的过程。

5.1 区块链与其他技术的融合逻辑

区块链和其他技术融合的必要性主要包括三个方面，即区块链自身技术发展层面的要求，解决现实问题、应用落地的现实需求，以及实现更加丰富的技术组合的需求。

➤ 区块链与其他技术的融合是实现自身技术发展的重要途径和手段。在未来技术发展方面，区块链有三条路可以选择：首先是横向延伸，已有的公有链和联盟链已经难以满足当下的要求，要不断增加技术体系的广度，在现有基础上拓展区块链系统的多样性；其次是优化和深化现有区块链技术和系统结构，这是一种纵向意义上的扩展，包括提升效率、加强安全、保护隐私等；最后一个方面也是最重要的方面是加强和其他技术的创新融合，包括人工智能、大数据、物联网、5G等前沿技术。

➤ 区块链运用其去中心化、开放性、独立性、安全性、匿名性等系列优良特性，通过确保链上交易记录的真实性，从而能够解决信息不对称问题，实现多个主体之间互信机制的建立。但区块链的大规模应用落地依然面临巨大挑战，该技术很难单独与实际的生产和生活发生直接关联，要想提高生产和生活效率，进一步实现应用落地，区块链技术还必须与其他技术进行融合。

➤ 随着区块链与其他技术的发展融合不断加深，以"区块链+"为核心的全新的发展生态将不断形成。随着信息技术的成熟，5G、云计算、人工智能、物联网等得到了广泛发展，不同技术之间的融合成为未来的发展方向。

区块链有着特定的结构和固定的技术体系，但本身技术不具有独立性，为了更好地和不同的业务场景进行匹配，区块链也必然要加速与其他技术进行融合，使其在功能组合上更加丰富，为推动区块链和其他信息技术的落地应用获得更加广阔的空间。

5.2 区块链与物联网

5.2.1 物联网和区块链的结合点

随着信息技术的不断发展，物联网技术在全世界范围内获得广泛应用，但目前其商业和运营方面的价值尚未被大规模开发，该领域仍然存在巨大的竞争优势和机会，主要是因为其存在尚未解决的痛点。

1）设备安全和用户隐私问题。物联网的系统依赖于一个中心化架构，其缺点是收集和处理的数据都存储在中央服务器中。如果中央服务器发生故障，会给整个物联网的数据存储带来致命打击。且通常情况下多个物联网设备共用一个网络，单个边缘的设备易被黑客通过物理手段渗透，主要原因是系统尚未掌握设备的完整控制权，在识别和防范恶意设备的能力方面有待提高。且用户数据可以通过未经授权的方式从中央服务器中获得，用户隐私数据泄露的问题也是当下存在的痛点。

2）运营成本高昂。记录和存储的物联网信息都会汇入单一的中心化服务器中，随着未来物联网设备数量的高速增长，分布于各个网络中的节点将产生庞大的数据和信息，中心化的服务模式计算和存储效率低下，运营成本高昂。

3）协助的便利化和信任问题。因为缺少统一的技术标准和接口，使全球物联网平台在通信协作便利方面受到阻碍。且物联网运营商涉及不同主体，主体之间存在信息不对称的问题，从而提高了网间协作方面的信用成本。

区块链具有数据不可篡改、共识机制、去中心化、账本公开、分布式存储等特性，将区块链技术有效地融合到物联网的核心网络中可以解决物联网当下所面临的安全、用户隐私、运营成本和协作信任的问题。

5.2.2　区块链和物联网的融合创新应用

1. 区块链可以降低数据传输成本

当下物联网生态网络的运行主要基于两种模式——分布式中心化代理通信模式和服务器模式，但随着物联网数据的几何式增长，为中心化服务器、互联网设备以及基础设施的运维带来大量成本，这两种模式难以满足当下发展的需求。将区块链技术和物联网技术相融合，可以大幅度降低信息的计算和存储成本。

2. 区块链可以提升物联网安全

随着科技的进步，智能化的物联网设备普及速度越来越快，越来越多的用户进入到这个生态系统中来，但物联网也为个体用户带来安全威胁，当不法分子破解了密码后，攻击者就可以通过扫描对设备进行控制和攻击。物联网当下所面临的安全问题如图 5-1 所示。

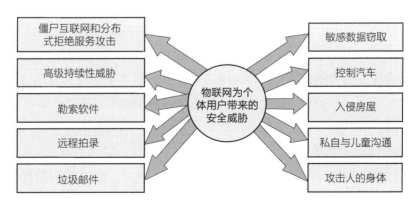

图 5-1　物联网当下所面临的安全问题

如何充分保证物联网的安全，避免用户数据和个人隐私的泄露，已成为各大公司最关注的内容。部分公司开始借助新时代催生出来的区块链技术来建立一个用户可信的物联网生态。

1）借助区块链技术进行身份验证以保护边缘设备。例如，Xage Security 作为一个初创公司，运用区块链技术研发了一个具有防篡改功能的平台，该平台可以保障数据在分发和认证方面的安全高效，同时还支持各种形式的线上通信。更重要的是，即使互联网处于边缘环境下，也不影响该平台的持续和正常工作，始终维护系统的正常运行。

2）借助区块链技术提升保密性与数据完整性。随着互联网的不断发展，信息泄露事件逐渐增多，用户安全问题受到了广泛关注，例如利用泄露的信息对用户进行诈骗，支付的安全问题，以及征信信息被泄露或被篡改的现象等。区块链凭借其难以篡改的特性及数字加密技术，每一个节点都参与信息和数据的记录和存储，除了数据共享交易的各个参与方，其他参与者很难获得信息，从而保证记录的数据信息不轻易被泄露或篡改。即使部分节点遭到恶意攻击，剩下的节点仍能够独立工作，不会对全局造成难以估量的影响。

3）区块链技术提供更加安全的 DNS。许多初创公司利用区块链技术开创更安全、更受信任的 DNS 技术。区块链是一个包含大量信息的分布式数据库，其分布式的特点可以应付各种情况下的大流量访问请求。由其提供的私钥路径可以用来编辑信息，从而大大提升区块链的可信任性。服务器使用去中心化账本，通过区块链注册和解析域名，使得 DNS 更加安全，可以实现在不审核的情况下防止域名受到攻击。

4）区块链技术还可以降低 DDoS（Distributed Denial of Service，分布式拒绝服务）攻击的阻止成本。在 DDoS 攻击的过程中，攻击者会访问很多受感染的计算机，然后抹除目标的互联网和一些敏感数据，最终导致其关闭。且阻止 DDoS 攻击的成本高昂，主要是因为：首先，通过保留带宽和吸收大量的数据来应对 DDoS 攻击，整个过程花费高，且效果难以保证；其次，如果 DDoS 攻击的规模巨大，"吸收"带宽的数量也许会大于可用带宽，阻止起来的难度就会很高，将付出很大的经济代价。

在基于区块链的网络中，没有数据库或 IT 基础设施的其他组件位于某个特定位置或处于单个管理员的控制之下。这种去中心化特性，使基于区块链的网络安全工具能够分配数据和带宽，以减轻 DDoS 攻击的影响。这种分散的工具为 DDoS 生成的流量创建带宽以供使用，保证了重要数据库的安全。最终，通过防火墙系统或反恶意软件工具，DDoS 攻击将被削弱和控制。

在物联网中，DDoS 攻击也会影响到多个连接的设备。鉴于目前和未来全球物联网设备和网络的数量不断增加，需要找到物联网应对 DDoS 攻击的方法。幸运的是，基于区块链的工具可以促进创建安全、无需信任的物联网。在这样的网络中，基于区块链的去中心化和去信任化，消除了可能对多个连接设备造成损害的威胁；通过基于区块链的物联网传输的数据被加密，以防止被操纵和入侵。

3. 区块链可以打破物联网信息孤岛

在信息化时代，物联网产业所面临的问题是如何将有价值的数据挑选出来然后加以合理利用，从而有效解决信息孤岛的问题。顾名思义，信息孤岛是指交易各方不进行信息的共享、交换，也不进行功能的联动、贯通，久而久之，信息、业务流程、应用之间出现相互脱节的现象。信息孤岛主要来源于两个方面。首先是信息归属权不明。许多大公司为了保护隐私，在信息归属权还未确定的情况下，避免共享信息，从而减少了企业之间的信息互换。其次是因为物联网产业技术架构固有的问题阻碍了信息流通。打破信息孤岛的关键是减少信任摩擦。技术领先且善于利用数据的公司，其优势也会日益凸显。

区块链可以帮助物联网打造设备端到服务端安全可信的生态闭环：让设备具备可信身份，保障数据全链路安全，促进多方价值协作。

物联网不同于其他业务场景，其参与角色众多，设备多种多样，覆盖场景丰富，对任何一方来说，如何做到多方协作，用最低的成本创造最大的价值，为用户提供优质的服务，是每个参与方都需要思考的问题。对此，区块链在技术架构和应用服务上给予了两剂良药："多中心化的服务架构"和"自主执行的智能合约"。区块链的多中心特质可以让多个参与方公平合作，让多种类型的设备及信息在统一区块链网络中流转，这有助于打破物联网现存的多个信息孤岛桎梏，以低成本建立互信，促进信息的横向流动和价值互通。同时，区块链的多层级分布式架构也大大降低中心化架构的高额运维成本。

5.2.3　区块链在物联网领域的应用案例

案例 5.1

IBM 货车跟踪的解决方案

2018 年，IBM 和哥伦比亚物流解决方案的提供商 AOS 进行深度合作，为货车跟踪提供了区块链＋物联网服务解决方案。这一解决方案的具体内容是对货车安装带有 RFID 的标签，这些标签内包括了很多信息和记录，例如有关车辆的数据、发货人姓名、货品内容等的详细信息。

所有数据会记录在 IBM 的区块链系统上，从而方便后期进行查询，实现了数据的可追溯。物联网技术在这一解决方案（尤其是在追踪发货流通和货物状态查询方面）中扮演了重要的角色，同时区块链网络让这些信息的记录更加完整、安全，实现了物联网技术和区块链技术的相辅相成。

IOTA（新型大数据架构）是基于一种新型的分布式账本——Tangle 来实现的，能够有效解决现有区块链解决方案中的低效性问题，并设计了一种全新的方法为去中心化的 P2P 系统共识机制的达成提供技术支持。同时，Tangle 摒弃了传统的链式架构，采用有向无环图结构，凭借平行验证技术，一方面可以免手续费，另一方面可以完成较高的交易吞吐量。

案例 5.2　中国联通主导国际电信联盟（ITU）物联网区块链（BoT）系列国际标准

截至 2019 年，包括基础的区块链服务的物联网部署超过了 20%，为了未来更好地接入海量的物联网设备，包括 IBM、微软、亚马逊和 SAP 等在内的许多跨国公司开始提供弹性资源池，并开始在各自的物联网云平台上提供和区块链技术相关的服务。在此国际浪潮下，我国的公司也不甘落后，中国联通于 2017 年 3 月联合众多公司和研究机构在 ITU-T SG20 成立了全球首个物联网区块链标准项目，至此展开了对区块链＋物联网的国际标准的先行探索，重新定义了以去中心化为核心的可信物联网服务平台框架，如图 5-2 所示。物联网区块链的概念和国际标准体系由中国联通于 2017 年初在 ITU-T SG20 第五次会议上提出。

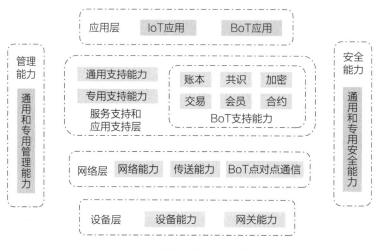

图 5-2　区块链＋物联网标准的探索

案例 5.3　物联网设备的安全管理

基于区块链技术的对设置和操作模式的控制可以有效避免未经授权的访问，同时还可以防止拒绝服务（DoS）攻击。针对物联网设备的管理，主要包括对配置设置和操作模式的控制，以及确保及时更新的操作。

Huh 等人在 2017 年提出，可以将以太坊作为核心技术，对区块链平台的物联网设备进行控制和配置。用于物联网设备的识别凭证可以通过唯一密钥对（即私钥和公钥）来实现，其中公钥被注册为以太坊块中的交易记录，私钥存储在物联网设备中，同时利用其公钥在以太网上进一步搜索物联网设备。

以太坊之所以被应用到区块链平台，是因为在区块链上其智能合约可以自动执行程序。所以，物联网设备的行为可以在智能合约中编程。在由功率表、空调和 LED 灯组成的物联网设备系统上进行测试，从而证明其所提出概念的可行性。当功率表测量值超过 150kW 时，则自动将空调和 LED 灯切换到节能模式。还为空调和 LED 灯编制了智能合约，同时将功率表、智能合约编程，最后将测量结果和包括公钥、签名在内的身份凭证发送到以太坊。这些合约利用以太坊的相关身份凭证检索测量值，当身份凭证验证了检索到的测量值是功率表的值，并且当测量值超过 150kW 的阈值时，空调和 LED 灯自动从常规模式切换到节能模式。

存储库服务器收到客户端的下载请求时，物联网设备供应商即将更新交付设备的固件进行处理，以便更好地更新功能并修补已发现的漏洞。这些功能的更新都是可以远程进行的。该存储库服务器中存有二进制文件，该文件是由公钥基础设施（PKI）签名的消息摘要保护的预编译固件，签名的消息摘要和公共签名密钥附加到下载的固件文件。仅当使用下载的公钥进行安全检查成功时，才会启动物联网设备上的固件更新。但是，受限于平台的运载能力，如果数百万物联网设备同时请求固件更新，则该平台难以在短时间内同时处理大规模的请求，会产生过多的网络流量。

在此解决方案中，物联网设备供应商通过安全网络来维护、更新固件和固件元数据，由同一供应商提供的所有物联网设备都是正常的区块链节点，其他区块链节点是验证节点。

5.3　区块链与大数据

大数据一般是指无法在一定时间范围内用常规软件工具进行捕捉、管理和处理的数据集合，是需要使用新处理模式进行处理才能具有更强的决策力、洞察力和优化流程能力的快速增长和日趋多元化的信息资产。大数据的产生目的之一是通过运用数据、分享数据以实现数据交流和信息互联互通，使数据综合效用最大化。但随着技术的发展，各种大数据平台的建设却违背了这一初心。

5.3.1　区块链和大数据的结合点

大数据处理系统的处理流程由五个主要阶段组成，即数据准备、存储管理、计算处理、数据分析和知识展现，如图 5-3 所示。

第一阶段需要对来源多样、格式和质量不一的数据进行规范格式，以方便后续的存储和管理；第二阶段旨在降低存储成本的基础上尽可能存储更多的数据，以满足数据管理的多元化和可持续要求；第三阶段选择分布式计算框架作为主流，选择适当的算法模型以快速处理数据，不断提升其实时性；第四阶段要使用更加智能的数据挖掘技术对非结构化、多源异构的数据进行处理，从复杂多样的数据中发现规律并挖掘价值；第五阶段也是数据价值产出的环节，在服务于决策支撑场景时，如何让复杂的分析结果以直观的方式呈现给用户是主要挑战。

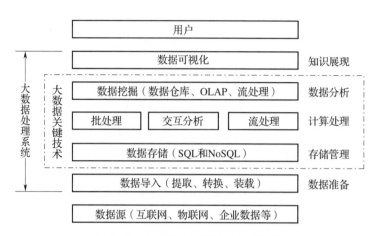

图 5-3　大数据处理系统的处理流程

OLAP—联机分析处理　SQL—结构查询语言　NoSQL—非结构查询语言

大数据和区块链在技术结构方面具有相似性，这也为技术融合提供了可能性。

➢ 分布式数据库：大数据需要处理海量的数据和快速增长的存储，同时要兼容大数据的各种数据类型和所对应的格式，因此其底层的存储层种类也多种多样，例如常见的存储架构有 HDFS（Hadoop 分布式文件系统）、HBase 和 Kudu 等。区块链作为一种分布式数据库系统，区块链技术本质上也是一种特定的数据库技术，网络中多个参与计算的节点可以共同参与数据储存、计算和记录，并且互相之间验证其信息的有效性。

➢ 分布式计算（Distributed Computing）：大数据的分析挖掘作为一种数据密集型计算，需要具备巨大的分布式计算能力。当下许多大数据处理都采取分布式计算技术，为了扩展系统的总处理能力，可以通过添加服务器节点来线性实现。而区块链的四种不同的共识机制既是一种认定手段，可以保证记录的有效性，也是一种防篡改手段，维护了效率和安全性。

5.3.2　区块链和大数据的融合创新应用

区块链和大数据的融合可以分为五个阶段，如图 5-4 所示。

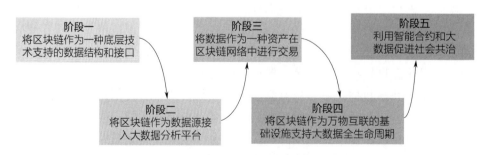

图 5-4　区块链和大数据融合的不同阶段

➢ 第一阶段：将区块链作为一种底层技术支持的数据结构和接口（即分布式数据库存储技术），它同时提供了一套与开发语言无关的标准 API 和软件开发工具包（SDK）。各类应用和相应的操作型数据库都可以通过不太复杂的步骤将重要信息写入区块链，并可以从区块链上获取已有的信息，而不必管其开发的时间、技术和语言。这可在一定程度上改变信息孤岛的局面，同时还可以形成多方信任的数据链条。

➢ 第二阶段：将区块链作为数据源接入大数据分析平台。区块链的可追溯性使数据从采集、整理、交易、流通到计算分析的每一步记录都被留存，使数据的质量获得前所未有的强信任背书。同时，区块链可以帮助大数据平台补充关键的数据，还可利用区块链的匿名特性在一定程度上保护数据隐私，为大数据的发展提供关键性的帮助。例如，可以将同一主体在所有互联网金融平台的贷款余额作为重要数据加以记录，并和其他大数据信息一起分析，以满足互联网金融监管的要求，如图 5-5 所示。

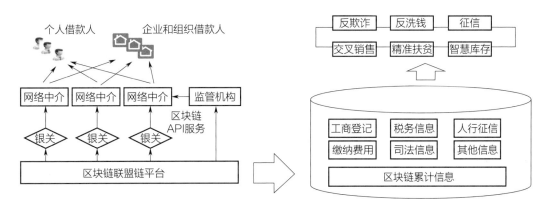

图 5-5　基于区块链的互联网金融监管平台

➢ 第三阶段：将数据作为一种资产在区块链网络中进行交易，即可以通过区块链技术实现其资产的注册、确权和交易。由于区块链平台可以支持多种资产的互联互换，大数据资产就可以在区块链平台参与交易，利用区块链平台的智能撮合机制支持类似大数据交易所等方面的应用。将大数据作为一种资产并和区块链结合，是打破信息孤岛的另一种解决方案。

➢ 第四阶段：将区块链作为万物互联的基础设施支持大数据全生命周期，可以包含全社会各类资产，让不同的交易主体和不同类别的资源（如传统的商业活动、非商业的资源分享等）有了跨界交易的可能性，以共享供应链上下游信息并进行智能生产。同时，还可以保证资金和信息的安全，并通过互信和价值转移体系的确立进行经济活动的共享，例如增加政府的公益和社会慈善的公信力和透明度。

➢ 第五阶段：利用智能合约和大数据促进社会共治。随着数字经济时代的发展，大数据能够处理越来越多的现实预测任务，而区块链技术能够利用智能合约，通过 DAO（分布式自治组织）、DAC（分布式自治公司）、DAS（分布式账户系统）来自动运行大量的任务，帮助把这些预测落实为行动。在未来的社会治理中，地方政府作为资源供给方，在精准扶贫、社会服务外包、公益管理、养老等方面都可以通过区块链作为中介，将大数据作为公共产品需求者的精准分析工具，通过智能合约为标准化的公共产品提供自动运行的流程。

5.3.3 区块链在大数据领域的应用案例

京东万象

作为京东云倾力打造的大数据服务平台，京东万象目前已拥有超过 300 个数据提供商，超过 1000 个数据源，也是国内率先应用区块链技术的大数据流通平台。京东万象利用区块链技术搭建了联盟链，通过区块链数据不可篡改的特性把数据变成受保护的虚拟资产，确保每笔交易和数据都有确权证书。在数据进行交易之前，京东万象会先对卖方数据进行确权，明确其归属并将确权证书同步到各个节点上。而未经许可的盗卖则没有确权证书，对于证书与区块链确权不匹配的数据，数据提供方就可要求法律保护。这样既消除了数据提供方的担忧，也解决了数据需求方对合规、正版数据的需求。京东万象还要与公安等相关部门合作，建立个人数据授权体系，使个人数据可以在互联网上合法使用，以解决个人数据的授权问题。

Enigma

MIT 的区块链项目 Enigma 通过在不披露隐私的情况下对数据进行分布式运算并输出结果的形式，解决了数据使用过程中的隐私问题。大数据的交易则可以转变为对数据使用权的交易，数据产生时即以加密的方式被固定在区块链上。买方对数据的购买成为触发针对特定数据计算的行为，计算的过程会消耗代币，而计算的结果则直接使用买方的公钥加密，并由买方持有。数据在计算以及结果输出的每一步记录都会被留存在区块链上，不论是对数据源头的质疑，还是针对买方私自复制的追责，都可以通过使用区块链的可追溯特性来解决。

5.4 区块链与人工智能

5.4.1 区块链和人工智能的结合点

人工智能是计算机科学的一个分支，它企图了解智能的实质，并生产出一种新的能以与人类智能相似的方式作出反应的智能机器。人工智能系统通过在大量无规则、不相关的数据中发现数据之间的相关性，寻找到更多的规律和关联，可以极大提高单点效率和系统效率。同时，人工智能与业务逻辑结合，可以在业务逻辑的约束和支撑下，实现更加纵深、更大容量、更加快速的计算，并在此基础上拓展出更加广阔的可选择空间，提供更接近最终目标的路径选择方案，实现效率的极大提升。

人工智能应用包含三个关键点，一是数据，二是算法，三是算力。人工智能与区块链两者融合，可以在这三点上相互赋能，见表 5-1。在数据层面，区块链技术在一定程度上能够保证数据可信，以及在保护数据隐私的情况下实现数据共享，为人工智能建模和应用提供高质量的数据，从而提高模型的精度。

表 5-1 区块链与人工智能融合的层次

	区块链	人工智能	融合
数据	（1）一定程度上保证数据可信 （2）保护数据隐私	（1）需要高质量的数据进行建模 （2）需要不同数据主体的多维数据，以便实现完整的数据拼图	区块链为人工智能提供可信数据，保证数据共享安全
算法	（1）智能合约并不智能 （2）智能合约缺乏一定的灵活性	人工智能有助于建立复杂的智能合约代码	人工智能技术有助于区块链实现更加智能的智能合约
算力	（1）去中心化的分布式结构 （2）防篡改	（1）中心化算力成本高 （2）代码漏洞易遭到入侵	在保证一定安全性的前提下，区块链的分布式结构为人工智能提供分布式的算力

5.4.2 区块链和人工智能的融合创新应用

1. 智能金融信任平台

智能金融信任平台以人工智能、大数据及云计算为主要依托，并利用区块链的分布式数据存储技术，可以确保海量数据的难以篡改和可追溯，在确保数据准确性的同时实现了智能金融的精准定位。例如，智能顾投可以利用区块链技术进行数据存储和处理，在确保数据完整性和安全性的同时，提供更有效的风控服务。在智能获客方面，区块链技术可以更准确地提供用户信息画像，为用户提供准确的匹配服务，提高了业务效率。区块链智能金融平台框架如图 5-6 所示。

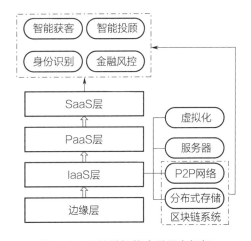

图 5-6 区块链智能金融平台框架

SaaS—软件即服务 PaaS—平台即服务 IaaS—基础设施即服务

2. 电子病历智能共享

在智能医疗方面，可以通过区块链技术实现个人电子病历的共享平台，患者可以通过共享平台获得自己的医疗记录和历史情况，医生可以通过共享平台详尽了解患者的病史记录。这使病历数据真正掌握在患者自己手中，而不是被某个医院或第三方机构掌握。

智能处方共享是指医生在医治患者的过程中，可以通过智能处方共享平台查看相似病情的处方信息，从而达到处方共享的目的。目前，医疗处方存在以下几个问题：

1）患者修改处方，医生滥开处方。

2）药店和医院分离，分发流程不透明。

3）医疗条件的极度不均衡导致相对落后地区的医疗人员经验不足，可能会延误患者病情。

基于区块链技术的智能处方共享平台可以追溯处方来源，同时确保患者不会篡改处方。将药店纳入区块链平台网络中，可以有效确保药品分发透明公开。最重要的是，共享平台有利于提高医疗条件不发达或欠发达地区的医疗水平，为患者谋福。尤其是在我国中西部偏远地区，患者可以通过共享平台得到各大医院对不同病情开出的处方，从而得到及时的治疗意见。

利用区块链技术实现医院与合作药店之间的连接，建立准实时处方分发机制，确保医院与合作药店处方的一致性、完整性。每份处方都具有处方标签，平台对处方重复使用进行严格控制，出现相同处方标签时会全网通知核验，杜绝处方重复使用的乱象。

5.4.3 区块链在人工智能领域的应用案例

案例 5.6

谷歌 DeepMind Health

DeepMind Health 是人工智能实验室 DeepMind 旗下的子部门。DeepMind 于 2014 年被谷歌收购，之后因为研发了 AlphaGo 而享誉世界。2018 年，谷歌宣布重新组建 Google Health，并将 DeepMind Health 并入其中。DeepMind Health 提出了一种新的医疗数据解决方案，即运用区块链技术创建一个不可篡改的数据记录。与金融领域运用区块链技术大幅削减后台成本的目的不同，DeepMind Health 的目的主要在于提升信任度。与其他人工智能系统一样，DeepMind Health 的人工智能同样依赖大量数据的计算和学习更新，而医疗数据天然的敏感性和隐私性让其不得不思考数据来源和数据处理相关的一系列问题，包括公众、数据来源用户的理解程度及信任程度。DeepMind Health 过去曾与伦敦一家医院合作，并开发了名为 Streams 的应用，旨在帮助医生对病人的肾脏风险进行检测。2017 年，DeepMind Health 因被质疑与医院间过于广泛的数据共享协议而受到公众批评。这背后一方面是用户质疑医疗数据的非法泄露，另一方面是因护理数据、研究数据划分不清而导致的用户不满。DeepMind 联合创始人 Mustafa Suleyman 曾公开表示："我们希望通过公开构建这样的工具，来提高患者对这种数据访问的信任度。"DeepMind Health 利用联盟链达成小范围医疗机构、医疗服务者及数据处理机构之间的"联合"，数据审计系统采用了默克尔树数学函数。该函数可以利用较小的记录完整记录区块链网络上的系统数据，并进行数据的更改与跟踪。数据审计系统凭借区块链系统提升了公众的信任度，完整地记录了数据记录、数据使用和数据脱敏等一系列相关活动。

案例 5.7

百度图腾

《哈佛商业评论》发布的 2019 年五大人工智能公司分别为谷歌、苹果、微软、百度和亚马逊。百度成为唯一一家入选的中国企业。2018 年 4 月，由百度自主研发的百度图腾正式上线，这也是百度首个落地的区块链项目，是核心技术为区块链、人工智能以及大数据的原创图片服务平台。原创作者经过身份认证之后，将原创内容上传到百度图腾，并选择类别和标签（最多 10 个），所有作品都将在区块链网络中自动生成版权标识和哈希值。版权的监管和保护主要来自人工智能软件。百度图腾通过全网检索、作品分类、图像识别、准确匹配等，对原创作品进行保护，并保证作品的合理使用和转载。若人工智能软件识别到侵权行为，会对侵权行为进行取证和记录并上传到区块链网络，作为维权的存证。据中研网 2018 年 7 月 19 日的报道，该系统覆盖了全网千亿张图片规模的数据，识别准确率高达 99%，万张图片最快 2h 内即可产出版权检测报告。从原创作者的角度来看，百度图腾提供的版权保护便捷有效，除此之外还可以带来一些潜在的流量推广作用，增加曝光机会。从平台的角度来看，百度图腾提供的版权保护、版权追溯提高了平台内容的质量，剔除了重复的侵权作品，会吸引更多的原创作者，能促进平台良性发展。

5.5 区块链与 5G

5.5.1 区块链和 5G 的结合点

5G 又被称作第五代移动通信技术。当前，5G 正蓄势待发。在不久的将来，5G 会与云计算、大数据、人工智能、虚拟现实（Virtual Reality，VR）、增强现实（Augment Reality，AR）等新一代信息技术实现深度融合，也将促进人与万物的连接，进而成为各行各业数字化转型过程中的新型基础设施。

区块链和 5G 的结合已在 3.3.2 节介绍，此处不再赘述。

5.5.2 区块链和 5G 的融合创新应用

1. 贸易金融领域

目前，全球经济都在向一体化的方向发展，各地贸易市场发展迅猛，全球化大规模贸易合作层出不穷，传统的中心化金融管理机制正在面临着诸多挑战，例如企业信息分散，企业之间缺乏信任，企业之间无法第一时间获取所需要的信息等。5G 和区块链技术相互融合，通过提高网络能力与安全能力，可以解决中心化金融管理机制所面临的困境。

2. 智慧城市领域

智慧城市拥有巨大的产业范畴，包括智慧政务、智慧环保、智慧安防等大量应用场景，这些应用场景的实现需依靠大量高新技术，包括云计算、大数据、物联网、区块链、人工智能、5G 等。这些技术相互贯通、相互配合，共同推动智慧城市的建设。目前，智慧城市正处于数字转型的关键时期，大量基础设施正在建设中，如何将这些基础设施互相连接、实现数据共享是智慧城市面临的重要问题。5G 和区块链融合将为智慧城市带来全新体验，进而改善我们的生活。

3. 工业互联网领域

工业互联网面临着设备实时互联互通以及安全性等诸多挑战，而 5G 将为工业互联网的发展提供新机遇，5G 结合区块链将从网络、平台、安全三个方面全方位推进工业互联网建设。工业互联网是一个很大的范围，涉及工业生产线上的每一个环节，在可靠性和安全性方面，工业互联网的要求极高。5G 为在工业互联网中引入区块链提供可靠的网络支撑，使区块链上的节点都能建立可靠连接，从而提高工业互联网的安全性。

4. 新媒体领域

5G 网络具有比 4G 网络快上百倍的传输速度，为高清视频直播中的高清视频上传和任何终端无卡顿的收看提供了可能性。VR 和 AR 即将成为新的媒体传播方式，而当下 VR 和 AR 的普及一直存在很多问题，例如只能观看而无法交互，图像分辨率低使模拟不够逼真，延时过长使观看者头晕等。然而，5G 网络的高速率、低时延特性恰好适配了 VR 和 AR 对网络敏感的特征，使虚拟场景和现实场景可以得到完美融合。可以预见的是，在 5G 技术支撑下，以 VR 为代表的全新的媒体业务将迎来爆发式增长。5G 和区块链技术结合，可以实现传统媒体和新兴媒体在内容、渠道、平台、经营和管理等方面的深度融合，形成平台化、开放式、高度互联的新型媒体架构。

5.5.3　区块链在 5G 领域的应用案例

案例 5.8 **"5G+ 区块链"涉网执法新模式**

2019 年 6 月，杭州互联网法院借助其在线执行平台与 5G 区块链执法记录仪对执行现场进行调度指挥，实现了执行指挥中心、执行申请人、被申请人、执行法官在 5G 技术支持下的信息实时交互，并同步固化音视频数据至相关司法区块链，成功形成了"浸入式"的执行场景，有效地改变了封闭单一的现场执行模式，使之升级成为执行全过程可追溯、可见可信的互联网执行新模式。杭州互联网法院司法区块链是我国首个跨地域、跨法院、跨层级的司法链联盟，在深化司法体制改革，推动审判能力以及审判体系现代化方面起到了不可忽视的重要作用。该区块链技术的应用能够有效解决电子证据的认定难题，确保电子数据从生成、存储、传输乃至最终提交的全部环节的真实性及可信度；有利于前置化解纠纷，提升了我国司法机构维权的效率和解决纠纷的能力；显著地提升司法效率，法官能够更加专注于司法裁判；有助于简化电子证据批量汇集归类，为批量审理、批量立案、人工智能与智慧审理创造了重要的技术支撑。截至 2020 年 8 月，杭州互联网法院司法区块链已经接入 27 个底层节点，上链数据超过 51.1 亿条。司法区块链奠定了未来诉讼的底层系统建设基础，杭州互联网法院将继续利用好区块链技术，将其从强调工具性的浅层运用推进至更深层次的规则治理和制度构建，持续探索更加符合网络规律的司法流程以及审判机制，使人民群众在共享互联网发展成果上感受到更多获得感。

【小结】

本章详细介绍了在信息化时代，区块链技术和其他技术的融合逻辑，分别阐述了区块链技术和物联网、大数据、人工智能和 5G 技术的结合点，以及技术融合所带来的创新应用，反映了未来的发展趋势，并提供了具体的案例对区块链和其他技术的融合进行介绍。

【习题】

1. 物联网技术已经在全世界范围内广泛应用，但目前其商业和运营方面的价值尚未被大规模开发，主要是因为其存在尚未解决的痛点，包括（　　　）。

    A. 协助的便利化和信任问题

    B. 运营成本高昂

    C. 从多个点收集数据

    D. 设备安全和用户隐私问题

2. 人工智能应用包含三个关键点，一是数据，二是算法，三是（　　　）。

    A. 算力

    B. 处理速度

    C. 智能化程度

    D. 应用的安全性能

3. 简要概述大数据处理系统处理流程的五个阶段。

4. 简要概述一个区块链和 5G 的融合创新应用。

第二篇

区块链应用
介绍

第 **6** 章
区块链产品的基本准则：打造超级产品的区块链方法论

【本章导读】

区块链是多种计算机技术的新型应用模式，从本质上来讲，我们可将其视为一个去中心化的分布式数据库。由于这是目前最火的领域之一，各行各业都基于区块链技术设计生产出了各类区块链产品，与传统互联网方式相比，区块链产品的设计方法存在诸多不同。本章主要围绕区块链产品展开探讨，详细讲述了区块链产品的分类与基本工具、打造区块链产品的流程、建立区块链产品开发团队的方法、区块链产品的目标与价值观等多方面内容，并列举目前已经投入使用的区块链产品，着重分析其优劣势，预判区块链产品的未来发展趋势。

6.1　区块链产品概述

6.1.1　区块链产品的界定与分类

区块链已成为我国的国家战略，在科技革命和产业变革中均发挥着至关重要的作用。随着区块链应用的广泛落地，区块链技术与金融、供应链、医疗、法律、民生、教育、版权、公益等领域的融合也更加紧密，区块链产品正逐渐走入大众视野，并且更新迭代的进程也在同步推进。区块链的应用场景如图 6-1 所示。

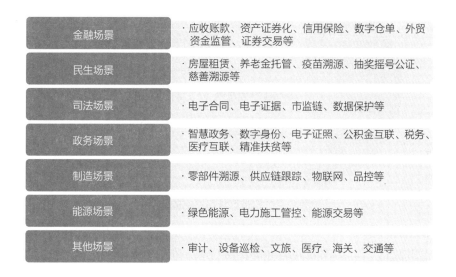

金融场景	·应收账款、资产证券化、信用保险、数字仓单、外贸资金监管、证券交易等
民生场景	·房屋租赁、养老金托管、疫苗溯源、抽奖摇号公证、慈善溯源等
司法场景	·电子合同、电子证据、市监链、数据保护等
政务场景	·智慧政务、数字身份、电子证照、公积金互联、税务、医疗互联、精准扶贫等
制造场景	·零部件溯源、供应链跟踪、物联网、品控等
能源场景	·绿色能源、电力施工管控、能源交易等
其他场景	·审计、设备巡检、文旅、医疗、海关、交通等

图 6-1　区块链的应用场景

由于区块链产品正处于爆发式增长阶段，所以对其进行分类归纳具有必要性。目前，区块链产品有多种分类方式，被公认为最主要的两种为按层次分和按行业分。区块链产品按层次可分为技术产品和应用产品，本书中以探讨应用产品为主。

6.1.2　区块链产品的基本工具

区块链的难得之处在于它可以提供一种进行信息传递和价值交换的机制与规则，由于数据可信，进一步可以推广为资产可信，再进一步便能实现合作可信，为未来价值互联网的形成奠定基础，具有多维度应用价值。目前，区块链技术已经升级至 4.0 版本，为区块链衍生产品奠定了技术基础，可以与基本工具配合一同服务社会。

智能合约是目前应用最多的区块链产品工具。智能合约由密码学家 Nick·Szabo 最先提出，是一种通过信息化方式传播、验证和执行合约的计算机协议，它允许在不依赖第三方机构或中心化机构的情况下进行真实可信、可以溯源和不可逆转的合约交易。对于智能合约，我们可以将其简单地看作：一旦满足了商定的某些条件，区块链将自动执行约定的操作。事实上，类似智能合同的概念在现实生活中有很多，例如信用卡自动还款：当我们将信用卡和借记卡绑定在一起，并设置好自动还款的日期和金额，在这个约定的日期来临时，银行系统会自动从借记卡中扣除相应的金额还入指定信用卡。

6.1.3 打造区块链产品的流程

打造区块链产品的流程（见图6-2）主要包括以下几个方面：

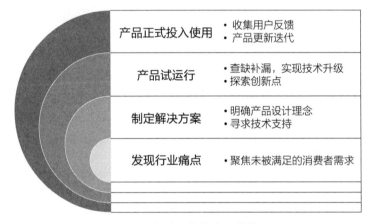

图6-2 打造区块链产品的流程

1）发现行业痛点。区块链产品只是在技术上被赋予了区块链的性质，使其具有去中心化、开放性、自动化和匿名性等诸多优势，但归根结底它依旧是产品，具有产品的一般属性，也包括产品的设计目标——满足消费者的需求。

2）制定解决方案。在制定解决方案前，企业首先要构想出一个大致思路，明确产品设计理念与出发点。由于信息数据公开透明、开放共享、值得信赖等是区块链技术衍生产品的一般特点，所以企业可以基于此结合产品涉及行业的特点进行总结精炼，这一点并不困难。

3）产品试运行。产品设计通常需要不断更新和修改，一方面修补现存漏洞，实现技术突破，另一方面也可以在不停的更新迭代中发掘新的创新点，或许能够找到此前被忽视的新问题。虽然区块链产品相比其他产品有更大的技术优势，更容易吸引消费者，但也难免只是短期热度，容易烟消云散，所以从长远考虑，还需以服务于消费者需求为根本宗旨。在产品试运行阶段，企业务必全面收集试用用户的各项数据，并根据用户反馈完善产品设计，为此后的产品正式投入使用奠定基础。

4）产品正式投入使用。对企业而言，区块链产品打造流程推进到这一环节，已经取得了重大进展，值得进行短期阶段性庆贺。但是产品的正式投产阶段与试运行阶段毕竟存在较大差异，接触到的用户数量大幅增加，不同用户的需求不同，可能会对企业提出更高的要求。此时企业仍旧不能掉以轻心，应该持续跟进顾客的反馈，定期进行产品升级。

6.1.4　区块链产品的开发团队

在进行区块链产品开发时，建立一个高效的产品开发团队十分必要。产品开发团队是一个在零散的产品设计者和产品开发者之间构建联系而组成的团队，个体之间的关系可以是正式的，也可以是非正式的。

通常来讲，产品开发团队可以通过两种方式建立：第一种是基于个人之间的联系形成的团队。这种个人之间的关系也可以分为很多类，例如地理关系，由建筑、楼层、办公室等因素决定，或是传统的工作层级关系，包括同级关系、上下级关系等。第二种是基于职能和项目之间的联系形成的团队。职能是指员工的工作内容和权责范围，产品设计、产品制造和市场营销等均为产品开发过程中涉及的传统职能，不过现今已经有了更加精细化的演变，产生了市场策略、人因工程、流程开发、应力分析、运营管理等更为具体的职能。

区块链产品开发团队首先要具备知识水平过硬的区块链技术人员，但是除此之外，技术部门也需要其他部门的专业人员提供支持。由于产品开发团队来自不同的部门，日常工作模式和氛围都可能各不相同，所以团队建设方面会面临一定的挑战。

6.1.5　区块链产品的目标与价值观

区块链产品结合了产业发展、生态建设、多生态融合等多个方面，其目标是希望借助区块链技术的优势更好地服务于社会和生活并建立高效、开放、共享的高度信任的社会。区块链 4.0 版本搭建的区块链底层服务网络，已经将现有各行业、各领域区块链（不论是公有链抑或是联盟链）均纳入同一运行网络，以高安全性、高效率保证链与链之间的互联互通，实现区块链价值最大化。

6.1.6　典型区块链产品

案例
6.1

区块链 + 教育

目前教育行业存在诸多痛点，如教育资料的版权不清、教育资源分配严重不均衡、教育过程监督力度不足、数据造假严重、师资没有保证等，如图 6-3 所示。要想解决这些问题，首先要搭建一个整体思路，其中要着重强调知识产权保护，提升社会各方的知识产权意识，共同搭建一个完善的教育信任体系。区块链技术目前已经广泛应用于教育领域，例如可以从其可追溯性下手，加强有关教育资产和教育成果的版权保护，在根源上解决近年来各界饱受困扰的知识产权纠纷问题。此外，区块链也可以用于存放重要信息，如学生个人基本资料、成绩单以及奖励证书等，这将有效防止信息丢失或者被不法分子恶意篡改。区块链技术将协助构建一个安全、可信、不会被随意篡改的学生信用体系，直击当前全球学历造假、学生信用缺失等严峻问题。此外，区块链技术也可以用到中心化教育系统的开发中，使开展教育服务并颁发有效的学历证书可以在任何具有教育资质的机构中进行。

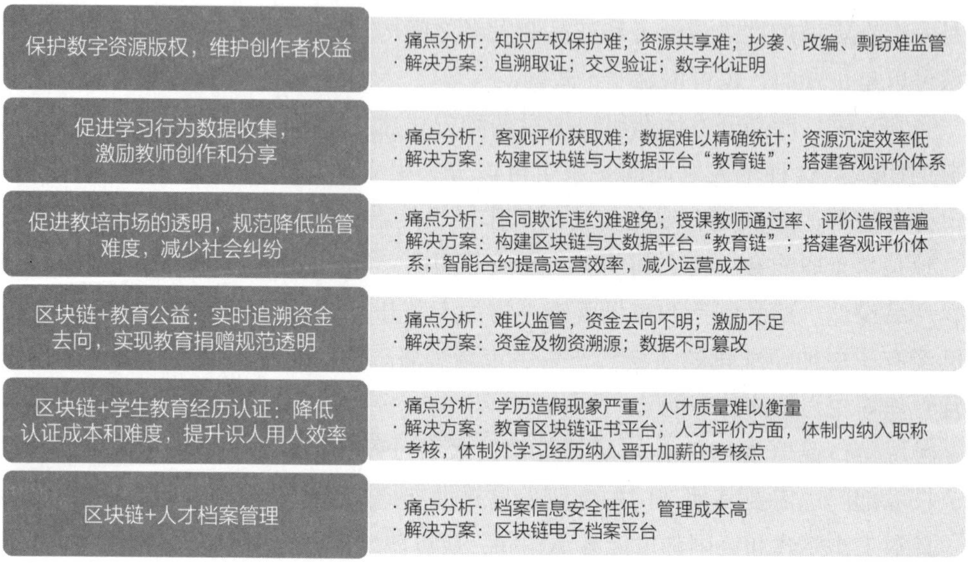

图6-3　区块链＋教育

　　现今教育方面的区块链实例有很多，未来教室就是其中之一。未来教室是一个以区块链作为技术支撑的数字教育资产运营平台，其运用智能合约，对各种数字资产的购买、使用和支付进行快速处理，使得有人工操作引起的纠纷被大幅减少。未来教室的运营管理者是新加坡的FCC基金会，该项目的主要运行方式是将区块链技术嵌入智能合约，并整合全球教育资源实现教育数字资产的契约、存证和交易。该平台可以收录所有学习者的购买情况，随后智能合约将对对应的学习资料购入情况、物流信息进行紧密追踪，一旦消费者确认收到学习资料，凭条会自动完成支付，十分便捷可信。此外，另一个具有代表性的项目是教育卡证。教育部指出，身份可信、内容可信、技术可信以及区块链建设可信是教育区块链的必要前提，可信体系的建设要基于国家密码法、电子签名法、网络安全法以及主管部门签发认定的密码使用许可和电子认证体系。相信有了可信身份体系的支撑，以教育卡证为基础的电子档案与电子证照的存储流转将更为可信安全和高效，教育资源配置的透明、公开、公平、公正将得到有效保障。

案例 6.2

区块链＋医疗健康

　　目前，医疗服务行业主要存在以下痛点：其一，医疗信息传输不及时，不同医院间无法实现数据共享，为患者带来了诸多不便，导致就医体验差。由于目前医疗领域还没有建成一个统一的患者数据库，患者信息均分散在不同的医疗系统中，无法相互调用借鉴，这是整个行业标准体系的缺失。此外，即便健康数据已经存入系统，也大多未经过加工处理，杂乱无章，无法形成有效的数据链。其二，医院一直是最容易发生纠纷的地方，这是由于医生与患者之间缺乏信任、各执己见，久而久之矛盾激化严重。医药行业供应链涉及的环节很多，制药厂商、批发商、药店、医院等均为参与主体，缺一不可。这些参与方彼此间需要大量交互协作，但由于信息系统的不健全，信息被分散在不同的系统中，透明度严重匮乏。其三，患者隐私泄露。不少患者都有过这种体验，有时会接到不明电话或短信，明明自己没有透露过个人信息，对方却了如指掌。目前，大量个人隐私被中心化的机构所掌握，由机构授权第三方使用，这种数据存储和使用的方式可能存在法律漏洞。

区块链技术的快速发展为以上问题提供了新的解决思路。首先，实现患者数据上链是区块链技术可以实现的重要功能，由此可以加速信息流转，使就医体验得到大幅优化。以往在进行医疗诊断时，医生大多手写病例，现在依托区块链技术电子病历数据库得以构建，结合 MPC（多方安全计算）、TEE（可信执行环境）等可信计算技术，患者相关信息数据得到保护。其次，区块链技术可以大幅提高医疗健康保险的理赔效率，不断优化投保人体验。患者的就医记录、疾病历史、用药历史等都可被记录在区块链上，保险公司借着区块链平台得以打通与患者、医疗机构等的数据隔阂，保险索赔过程的透明性再次提高。由于患者在区块链上储存的相关信息真实准确且不可篡改，保险欺诈案件的发生将大幅减少。各保险机构还可以在同业之间进行数据共享，将保险的公平公正转变为现实。最后，区块链技术有利于药物研发的快速推进。区块链数据平台可以帮助药物研发机构获得以往不会轻易公开、极度分散的临床数据，降低医疗数据获取的门槛，提升临床数据的收集质量。患者的相关信息数据在医疗数据的流转过程中均是经加密处理的，所以第三方调用数据需要获得患者的私钥授权，信息安全又多了一重保障。

6.2　建立更大的协同

6.2.1　协同的含义

协同是指各系统不仅能保质保量完成本职工作，还能通过共享业务行为、共享资源等方式加强系统与系统间的相互协作，与各系统分别单独运行相比，收获更大的效益，即通常人们所讲的"一加一大于二"的效应。

电子数据交换、互联网信息搜索体系、供应链数据库等均为传统的业务协同模式采用的技术，希望以此实现资源获取、信息整合、生产过程衔接、物流运输等方面的效益。一般而言，单中心化或多中心化是传统业务模式的典型特点。

与传统模式相比，区块链在以下几个方面具有显著优势：首先，区块链大幅提高了信息的透明化程度，实现了数据资源的充分共享，一直以来以核心企业为中心的规则被打破，参与方进入供应链的自主性得到大幅提升，不同主体角色固化问题正在被避免。其次，分布式存储、共识机制等技术作为区块链的经典特色，可以协助核心企业与上下游企业进行有机结合，充分利用各主体的优势和信息环境信息生成符合各方共识的经营策略，并围绕持续变化的内外部环境打造高灵敏度的、动态的业务协同，提升供应链内部的统一性与整体性，为提高运行效率提供强有力的保障。

在进行区块链技术的应用抉择时，需要考察应用场景在信息共享方面的等级要求，以及协同模式的类型，即是否属于多个主体参与的分布式的协同模式。目前，区块链主要涉及三类应用场景：一，用于提升企业间的信任程度。根据区块链的自身属性，它被视为一种增强信任的技术，可以有效帮助信任关系不强的企业加强、巩固信用关系。二，可以实时分析供应链各节点的数据，紧密追踪智能化信息，并将信息与链上各参与方共享，从而达到改善需求预测合理度，增进信息透明度，保障信息的可信性、准确性，保证协同高效性的目标。三，实现业务协同。区块链解决了数据业务和交易对象的信任问题，协作空间得到拓展，这使得原先无法联结的合作对象们以及新的业务协作方式，均可在区块链中得以实现，从而使新的商业模式获取更强的协作能力。

6.2.2　区块链建立协同的基本路径

众所周知，区块链基于多方协同、去中心化、可留痕等特征，能够有效保障链上数据可信流转，通过链上可信资产存证保障多方可信合作，极大地提高社会资源配置效率；同时，数据作为新型生产要素的价值得以发挥，并参与到生产与分配过程，最大程度释放生产潜力，优化社会分配体系，从而进一步扩大内需、推动国内大循环。那么，企业区块链究竟是如何建立起协同机制的？

从市场应用来看，区块链正逐步成为市场的一种工具，主要作用途径是减少中间环节，让传统的或者高成本的中间机构成为过去式，进而实现流通成本的降低。区块链协同的实现很大程度上基于P2P网络的建设。P2P网络是一种点对点的网络结构，网络中每一个节点都是一个单独的个体，没有主次之分，都处于一种共同的平等状态。

6.2.3　协同网络的价值

协同网络的价值主要体现在三个层面，分别是企业层面、政府层面和社会层面。

在企业层面，区块链技术可以缓解有限资源与高成长需求之间的矛盾。当前市场发展已经趋于完善，市场中企业数量众多，由于生产资源和消费者资源都十分有限，所以行业竞争压力极大。中小型企业的发展存在着诸多问题，如融资难和人才缺失等。在资金资源方面，从外部环境因素看，有政府因素、金融机构因素、信用担保体系因素、法律因素等；从内部自身因素看，中小型企业素质低、信用状况差、缺乏融资担保物等。内外的一系列因素导致了中小型企业从外部获取资源的能力远低于大型企业。

在政府层面，区块链技术可以有效缓解有限资源与有为政府之间的矛盾。政府在不同时代，目标选择是不同的。在工业时代，政府为企业提供机器、厂房、土地、人力等生产要素；在信息时代，政府为企业提供园区环境、配套设施、要素聚焦等因素；在数字时代，政府通过建设新型基础设施、5G 网络、大数据存储计算等促进企业数字水平的提升。政府想做或需要做的事情总是很多，但是可获得的资源有限，原有的组织、执行、监管等方式显然已经不能适应当前的社会发展，因此需要作出改变。一方面，利用区块链技术和有限的社会要素可以搭建新型的组织形式，实现共识、共建、共享、共赢的价值观；另一方面，利用区块链技术所搭建的平台作为价值流通平台，可以有效加快数字资产化的进程。

在社会层面，区块链技术可以有效满足生产关系优化的需求。我们可以将生产关系的内容简要概括为三个方面：生产资料所有制形式、生产资料在生产中的地位和相互关系、产品的分配形式。与区块链技术引入同时而来的是项目各环节多方参与、协同参与，一切信息资源公开透明、可究可查，正好满足了社会层面的需求。

6.3　降低信任成本

6.3.1　信任成本的来源

市场主体往往在利益最大化动机驱动下，利用政策漏洞或者信息不对称生成"逆向选择"和"道德风险"问题，从而加剧各应用场景中信用风险，阻碍资源和信息交换。在大数据时代，传统征信体系是由权威机构对企业个人信息进行收集、整理与发布，其来源单一狭窄、系统数据分散、更新缓慢导致时效性低、手续烦琐且征信成本较高等问题不断暴露，导致不能在市场经济条件下广泛普及和应用，尽管近年来国家政策积极调整以改善征信市场情况，但是许多系统性问题难以在传统理念上实现突破。传统企业组织具有很多痛点：由于现有企业相关信息资源碎片化，存储于不同数据库，甚至部分数据仅由自身掌握，因此企业信息鉴证成本较高。另外，企业核心数据一般存储于自身数据库，外部企业难以触及，因此企业间信息孤岛现象也十分严重。企业间合作一般基于相互信任的基础，但以上两种现象导致现有企业相关数据信息难以获得，造成企业间合作难以开展。

6.3.2　区块链打破信任危机的基本逻辑

为了打破传统模式导致的信任危机，区块链投入使用时遵循信任原则，即区块链依靠智能化记账和多方共同参与，经过各个节点交互核验，保证数据真实性、准确性和全网可验证性，并实现交易信息透明、隐私保护，建立多方信任体系，从而形成基于区块链技术的算法信任。

区块链用于打破信任危机的途径包括共识机制与留痕。共识机制设置所有共识节点之间达成共识的规则与方式，不仅能有效认定区块链信息，而且最大程度防止篡改，其具备"各节点平等"和"少数服从多数"的特点，当区块链网络节点达到一定规模时，能够有效杜绝造假的可能。共识机制通过制定系统性法则，让业务活动中各个主体都能使用共享的数据和资源，来针对当前阶段或者下一阶段提出经营策略，而各主体提出的决策会被发送到参与决策的其他主体处，所有参与方依靠效率最优、成本最低等准则进行投票，选出最优策略，而且系统会给予入选方案的提出方相应奖励。

区块链技术适用于传统信用制度存在缺陷、市场风险较大的场景。信用制度的建立和完善能够规范市场主体的守信能力和交易行为，直接影响市场的运行效率，有利于稳定的市场秩序形成。

区块链技术适用于信息不对称的场景。相较于传统信用制度，区块链在实现信用上有明显优势。区块链提供信用的方式是通过点对点信息运输，让参与主体均可充分获知链上的所有信息，减少企业选择性公开信息、数据造假的倾向，增强信息透明度，大大减少了信任成本，并有助于人们运用相同的信息达成同一共识观点，减少信息不对称和意见冲突，促进合作。

6.3.3　构建区块链信任网络

区块链网络是一种分布式网络，其中包含众多节点，每一个节点都是整个体系的重要组成部分，均参与到数据的维护之中。如果有新的数据信息加入到这个网络体系之中，所有节点都要对新加入的数据进行验证，如果想将该数据录入各自维护的区块，必须首先获取该数据在区块链网络各个节点的处理结果，并使得这些结果达成一致，这可保证区块链网络各个节点未来均拥有一套可信且完整的数据记录账本。

区块链为搭建价值传递、交换机制提供了良好的技术支持，并可在实现数据可信的基础上，突破资产可信，最终达到合作可信。它可以被喻为构建未来价值互联网的基石，具有多维度应用价值。

从提供服务的方式来看，公有云平台逐步发展为当前区块链创新的最佳载体，这主要依托于云的开放性和云资源的易获得性。云平台的投入使用为基于区块链技术的应用快速进入市场提供了极大的助力作用，并获得了先进入者的优势，结合越发紧密的区块链与云计算联合体正有望发展成为公共信用的基础设施。

6.4　创造新型价值

6.4.1　价值重构与产业赋能

在传统意义上，价值网络被定义为一种业务模式，它巧妙避开了代理费高昂的分销层，将产品数据通过数字信息快速传输，以此连接合作的供应商，尽早制定并交付定制化解决方案，提高合作的灵活度，为不断发生的变化作好准备。价值网络是一个不断变化的网络，其中没有固定的边界，当然也不像传统网络那般存在固定的模式。处于价值网络中的企业可以根据各自客户的需求自主化组织资源。通常，我们可以将企业间的关系分为两种：一种是所有企业平级，在交易中都处于平等的地位；另一种是在众多企业中存在一个"核心企业"，它可以是一个企业，也可以是一个企业联盟，此外的其他企业都围绕这一"核心企业"行动，"核心企业"具有主导优势，能保证此类价值网络具有稳定性。

价值网络在区块链的应用中不断升级，此时互联网所不能解决的问题将得到改善，同时不会损害信息的价值。

6.4.2　国家治理能力现代化

作为一个国家制度和制度执行能力的集中体现，国家治理体系和治理能力十分重要。国家治理体系是在党领导下管理国家的制度体系，包括经济、政治、文化、社会、生态文明和党的建设等各领域体制机制、法律法规安排；国家治理能力则是运用国家制度管理社会各方面事务的能力，包括改革发展稳定、内政外交国防、治党治国治军等各个方面。

提高社会治理效率是区块链的使命，而区块链的应用正与其使命相匹配。在具体的产业应用与场景上，区块链落地需要"三个工具"，即区块链服务网络（BSN）、技术底层（IBM Fabric、FISCO-BCOS 和 CITA）和应用场景。判断区块链的适用性时可以遵循四个原则，分别是协同原则、高效原则、信任原则和自治原则。待其正式投入使用之后，可以参考以下这五个指标评价应用效果：节省时间、降低成本、创造新收入渠道、创新业务模式和提供有效管理工具。

6.4.3　创造新型合作机制——分布式商业

区块链包含了分布式数据存储、点对点传输、共识机制和加密算法四项核心技术。其中，分布式数据存储作为一项数据存储技术，是指通过数据网络利用网络中每一个节点计算机配置的存储磁盘空间，形成一个虚拟存储设备，进而实现将数据分散在网络中每一个节点上的效果。

从技术层面而言，区块链是一种由多方共同维护，使用密码学保证传输和访问安全，能够实现数据一致存储、难以篡改、防止抵赖的记账技术，也称为分布式账本技术（Distributed Ledger Technology），具有去中心化、不可篡改、可追溯、全程留痕、公开透明、集体维护等特点，可以应用于金融、商业、公共服务、智慧城市、城际互通等领域，有效解决信息孤岛等问题，以实现多主体之间的可信协同。

从商业层面而言，区块链技术能够有效统一传统商业模式中资金流、信息流和物流，形成分布式商业。所谓分布式商业，是指建立在区块链技术和理念之上的商业，本质是一种新型生产关系，它由多个地位等同的商业利益共同体共同建立而成，遵循提前设定好的透明规则运行，包括职能分工、组织管理、价值交换、共同提供商品与服务并分享收益的新型经济活动行为。在分布式商业中，资金流、信息流和物流将归属于社区，代码成为信任锚。

【小结】

区块链产品结合了产业发展、生态融合等多方面内容，其目标是希望借助先进的区块链技术，建立一个高效、开放、共享、高度信任的美好社会，更好地服务社会各界。本章首先对区块链产品进行了简要概述，包括产品的界定与分类、产品的基本工具、打造区块链产品的流程等，并举了两个典型案例——"区块链＋教育"和"区块链＋医疗健康"进行着重分析，突出区块链技术的显著优势。区块链致力于建立更大的协同，即各系统在完成自身工作的基础上，共享资源、共享业务，不断加强系统间合作，提升整体运营效率。协同网络的价值可以从企业、政府和社会三个层面进行评估考量。此外，区块链技术还有助于降低信任成本，打破信任危机的基本逻辑，重新构建区块信任网络，维护行业秩序，创造新型合作机制，实现价值重构与产业赋能，推动国家治理现代化。

【习题】

1. 打造区块链产品的流程包括哪些？
2. 区块链应用的基本准则包括哪些？
3. 请简述协同的含义。
4. 协同网络的价值是什么？

第 7 章
需求洞察、挖掘分析：用去中心化的视角看企业

【本章导读】

在区块链技术蓬勃发展之时不乏质疑之声，业界对区块链技术在很多行业的应用是真需求还是伪需求讨论得十分激烈，因此有必要将需求分析相关知识和区块链技术的发展结合起来。需求分析是从解决方案到产品全过程的第一步，产品功能的实现以用户需求为根基。本章旨在从产品经理的角度为读者介绍如何判断区块链的真需求与伪需求，区块链产品需求分析和需求分类的基本方法，使读者了解如何对行业现有相关痛点进行深入剖析，并介绍大量相关案例以供参考。

7.1 区块链的真需求与伪需求

7.1.1 背景

区块链技术将为产业互联网业态的创新提供无数的可能性，但市场正处于产业转型时期，区块链的应用是否适用于所有业态？这个问题没有肯定的答案。目前，在区块链的热潮下，有必要明确在哪些领域真正需要这项技术，哪些领域的需求是伪需求，避免盲目跟风，以致错过增加效益的机会。

区块链能够解决的问题必须符合商业性质和规律。区块链的真需求应该满足以下几点：区块链可以用来寻找行业痛点，可以降低成本、提高效率，合作伙伴是利益共同体。

尽管区块链前景光明，但在监管制度、技术发展和应用等方面还困难重重，挑战依然存在，区块链业界各方在努力实施区块链的过程中，仍需重新思考其价值并制定适当的发展战略。

7.1.2 案例分析："区块链 + 售电"的真需求

"区块链 + 能源"是当今社会在全球范围内都非常流行的话题，几乎所有的能源行业会议和论坛都在讨论区块链技术在能源领域应用的可行性。其中，最热门的话题之一是基于区块链的去中心化售电应用。

区块链技术虽然已得到一定程度的应用，但仍处于非常早期的发展状态，技术还不够成熟。值得注意的是，目前业内对区块链技术在能源领域的应用前景认识得还不够清晰，有些盲目乐观。这一现象在以前的"能源 + 大数据""能源 + 云计算""能源 + 物联网"和现在的另一块热土——"能源 + 人工智能"中可见一斑。因此，有必要进一步探讨"区块链 + 售电"应用的可行性和局限性。

现在，要明确哪些问题可以解决，哪些问题不能解决，面临哪些挑战。通过对国外各种区块链售电应用的调研，以及能源区块链实验室在自身发展过程中总结出的经验，编者认为区块链售电可以解决以下问题。

1. 需求侧响应的贡献审计

需求侧响应作为一种商业模式，具有重大行业意义，但是其经济意义现在还比较小。不仅在中国，即使在发达国家和地区，比如美国和欧洲，需求侧响应和节能负荷市场经过数十年的推广和建设，仍然处于起步的状态，几乎全靠项目推动，而非市场。主要原因在于需求侧响应当下仍难以实现需求侧之间的直接负荷交易，并且即使可以交易，也难以公正合理地对响应贡献进行审计和考核，根本不可能实现任何有市场意义的动态价格机制。只能由第三方管理机构在事后根据有关数据进行匡算，厘清响应的成本和效益，再进行费用的转移支付和增量福利的分配。

区块链的去中心化分布式账本可以实现所有响应参与者和负载需求者之间的直接交易发布和费用结算，并且事后不可篡改，保证了审计信息的真实性和安全性。区块链的共识机制，特别是基于工作量的 PoW 机制，甚至可以转化为基于需求侧响应的 PoW 共识机制，用于设计服务需求侧响应的主链。

在当前形势下，与分析区块链能够解决的问题相比，探索"区块链 + 售电"的问题更有意义。

2. 不解决用户核心诉求的伪需求

截至目前，区块链技术不能覆盖所有范围的去中心化，现已解决的是交易过程中各参与方信任的去中心化，其他方面（例如专业能力等的去中心化）尚未得到解决，目前还需要求助于专业服务机构。电力与生活中其他方面的商品相比有很大不同，电的特殊性很大一部分在于它的专业性。

此外，从用户角度来说，绝大部分用户现在并不关心电力来源，并且区块链的点对点直接售电无法保证长期稳定的供电，用户仍然要购买大部分市电。因此，区块链主要解决的并不是售电侧的购买问题，而是发电侧的消纳问题。这就同市电供应商产生了直接竞争，但是区块链售电又无法提供市电的高质量、低价格、高确定性的服务，颇为鸡肋。

3. 市场失衡带来的系统性风险

作为特殊商品，电力交易不同于数据交易和金融交易，它必须满足电网的物理约束。在区块链售电机制设计中，强调去中心化和用户之间的自协调、自匹配。然而，分布式发电存在着波峰较大、波谷较大、不确定性较大、用户习惯趋同、交易不理智、市场势力过度集中等问题，因此，在区块链中很容易导致点对点电力交易需求的突然增加或减少。

同时，如果没有精妙设计的电力价格形成机制作为支撑，没有较高的安全装机容量作为冗余备用，分布式点对点市场的报价和交易行为很有可能在宏观上的表现是混乱的。由于市场的去中心化和自协调，供需的不平衡具有很强的反身性。

7.1.3 案例分析：北、杭、广、深区块链发票对比

在中国，电子发票仍然未广泛应用，而区块链发票正在迅速赶上。

2020 年 3 月 3 日，北京汉威国际广场的地铁停车场正式签发了首张用于北京地铁的区块链金融一体化服务的电子发票，引起了广泛的关注，北京的税收金融服务系统和行政管理也自此初步进入了区块链的新变革时代，然而这并不是我国首次出现的区块链在电子发票领域的应用。

从应用场景的角度考虑，民用消费领域涉及的民营企业更具有逃税的想法和动

机，但是在民用消费领域使用基于区块链技术的电子发票却比在公用消费领域应用区块链更加不易。如果能够将区块链电子发票应用于餐饮业，则这些民用企业将无法在没有发票的情况下逃税，从而有利于解决税收方面的一大难题。在这四座城市里，杭州和广州在公用消费领域比较发达，而深圳和北京则在民用消费领域处于更为发达的位置，所以它们对基于区块链技术的电子发票需求更旺盛，落实更不易。

这四个试点城市使用的区块链移动计费信息系统是由各不相同的企业作为主要技术来源的。深圳和杭州的区块链电子发票技术分别来自腾讯和阿里，而北京和广州的则分别是来自两家 A 股上市公司的子公司，即东港股份的子公司瑞宏科技和金财互联的子公司方新科技。

但更详细地说，两家 A 股上市公司的基本区块链技术并不属于自己研发，而是基于其他公司的技术。其中，东港股份旗下子公司瑞宏科技直接与京通科技达成协定，使用它提供的电子发票系统和区块链技术支持，即京通科技是一家区块链原始技术提供平台。而金财互联旗下的子公司方新科技则是在 BaaS 这一蚂蚁区块链基础上做的二次开发。

这一事实突显了成本的问题，这一额外成本是由类似京通科技这样真正具备区块链原始技术的区块链技术公司当前的发展路径造成的。虽然它们具有实在的区块链技术，但是由于行业壁垒问题，它们无法直接收到需要使用区块链技术的上游企业的订单，从而也就无法直接使用它们的技术。它们的订单来源则大多是绕了弯的，即存在一个额外的中间平台，由于中间平台公司更加了解行业情况且有较多资源，它们能接收上游业务并从它们这里获取技术支持，成本因此增加。

上述四个城市的共同点在于它们所采用的区块链技术平台均为联盟链服务平台，也就是说它们可以实现更大的吞吐量和更好的利用率，对各种应用需求（如税务发票的开具）都能很好地满足。

值得注意的是，在这四个城市使用区块链发票的方式都不相同。深圳拥有最多的加盟区块链发票，涉的行业也最广泛。此外，腾讯、中国信息通信研究院（简称中国信通院）和深圳市税务局共同提出了《General Framework of DLT based invoices》（基于区块链分布式账本的电子发票通用框架），该方案赢得了国际项目。假设采用该标准，其他地区的区块链发票将在以后参考实施。

北京的区块链计费系统由专门的瑞宏网维护和运营，企业可以直接在线申请，并具有更好的交互界面。杭州地铁使用了区块链账单后，没有更多动静，但不应低估它依赖支付宝的绿色建筑功能。金财互联建立了一条"税收链"来复制其业务，该业务具有很高的可复制性，并将其称为"票链"。

从上述分析来看，既然区块链发票的功能电子发票本身就能实现，区块链发票的存在是否就没有必要了呢？实际上，区块链发票还拥有少量电子发票无法实现的功能。例如，对监管部门来说，区块链的存在可以使它们清楚明了地从多维了解发票的出票方和所涉及的企业，对整体关系有一个很好的把握，从而对企业行为、发票的真实性进行监督控制。对用户而言，得益于区块链的智能合约，减少了公司之间、公司与个人之间以及公司与税务机构之间的争执。

更为重要的是，一旦区块链发票被记录在链上，它就成了一个不可更改的真实信息，如果各方达成共识，则可以将部分信息开放给特定对象，这样就可以流转公司的纳税信息。可以看出，由于区块链发票的存在使得这一信息成了代表公司经营情况的一项商誉资产。当前纳税数据不是公开数据，公司的纳税信息并不明确，这一优势明显具有发展前景。除此之外，区块链发票还可以用来进行金融资产的开发。

当前的技术背景一定程度地限制了我们的想象，由于区块链发票比电子发票更加多维、更加智能，随着技术不断发展，区块链发票在未来的应用不可想象。

7.2 挖掘产业痛点

7.2.1 痛点深度剖析法

痛点深度剖析法主要有两种思路。第一种是以用户为先，即根据用户的痛点来考虑使用区块链解决问题的方式方法；第二种是先入为主，即根据区块链的特征，去找相应的能解决的痛点。两种思路互不排斥，可以协调统一进行。

痛点四度空间思考法是常见的痛点深度剖析法之一，这种方法从三个维度深度剖析痛点：第一度为本质需求，即对用户需求挖掘的深度；第二度为多重拆解，即对用户需求挖掘的宽度；第三度为仔细挖掘，即对用户需求挖掘的细度。

第一度的本质需求是指用户最基本的、最原始的需求。在寻找本质需求的过程中，需要剥去用户的所有附加条件，找到那个"必须存在""必不可少"的需求。

第二度的多重拆解即先从必要性入手。多重拆解后看似已经满足用户的需求，但实质上存在漏网之鱼。第一重拆解包括：属性特征的拆解，从性能、价格、产地等方面看；用户特征的拆解，从目标人群分类、目标品牌特性等方面看；选购特征的拆解，从购买前、购买时、购买后等方面看；使用特征的拆解，从耐久、使用频率、便利等方面看。第二重拆解包括：性能的拆解（以汽车为例），主要看汽车的操控性能、乘坐性能、安全性能；目标人群分类的拆解（以功能饮料为例），主要看白领、晚睡人群、健身爱好者等的需求。针对具体事物没有固定的拆解方法，在同一事物的不同发展阶段，拆解的方法也是见仁见智、多种多样。

第三度的仔细挖掘即在多重拆解之后针对每一个拆解的需求进行深入剖析，有质疑思维法、逆向思维法、优点列举法、缺点列举法等方法。举例说明如下：酒店可以提供住宿，使用质疑思维法，提出质疑，要满足一个人的住宿需求是否非入住酒店不可呢？火箭原本向天空发射，使用逆向思维法，即改变发射方向，有人因此制造出了钻井用火箭。

下面再以微信为例进行介绍。用户的本质需求是"人与人之间沟通的随时随地性"，使用多重拆解拆解出"应用搭载平台"和"好友添加方式"，仔细挖掘后可知，这应是基于手机移动端的社交应用，其好友主要来源于用户通讯录，由于其便捷性和扩张性，可能会对基于计算机端的即时通信软件拥有天生的优势，于是微信应运而生。随着移动通信技术的蓬勃发展和个人智能手机的迅速普及，类微信应用的迅速扩张验证了这种需求是确实存在的，而且市场的潜力还有待发掘。

7.2.2 PACE：产品及周期优化法

当前，世界 500 强企业中有近 80% 使用了产品及周期优化法，其产品投入市场的时间较以往缩短了 40%~60%，产品开发浪费减少了 50%~80%，产品开发生产力提高了 25%~30%，新产品收益（占全部收益的百分比）则增加了 100%。

该优化法的核心是根据行业面临的压力，向相关从业人员发出调研。待调研报告返回后，将反馈调查表中企业面临压力最大的难题加以统计，由高到低排序，选择反馈比例最高的前几个问题进行分析，以此作为行业痛点。

下面以 IBM 智慧地球供应链为例。第一步，反馈结果为供应链五大挑战——成本、可视性、风险管理、用户需求、全球化；第二步，反馈结果为需要实现的三个技术维度上的特点——感知、连接、智能；第三步，提出在技术维度如何解决供应链挑战；第四步，提出解决方案。

7.2.3 现有相关痛点

1. 数据方面的行业痛点

（1）数据安全　2018 年，一家名为"剑桥分析"的数据分析公司及其"战略通讯实验室"，被指控窃取了 Facebook 大量的用户数据。那么，用户数据的安全如何得以保护呢？

（2）数据篡改　在计算机底层数据中，一个"0"或"1"的变动，就会造成"与门"和"或门"的互换。在当今互联网如此庞大的数据体量中，一个微小的细节就可能产生巨大的影响，改动一个数据所引发的"蝴蝶效应"其后果不堪设想。那么，如何避免数据被篡改呢？

（3）数据真实性　2019 年 12 月 25 日，最高人民法院发布修改后的《最高人民法院关于民事诉讼证据的若干规定》，该规定进一步推动民事诉讼诚实信用原则落实，同时补充、完善电子数据范围的规定，明确电子数据的审查判断规则。

电子数据是 2012 年的《中华人民共和国民事诉讼法》增加的一种新的证据形式。

近年来，随着信息化的推进，人们的行为方式逐步从线下向线上转变，诉讼中的证据越来越多地以电子数据的形式呈现。特别是大数据、云计算、区块链等新技术的迅猛发展，给民事证据规则的适用提供了新的视野，也带来了新的挑战。

那么，数据真实性如何得以保证呢？

2. 相应解决方法

数据滥用：区块链的去中心化及分布式账本，能够有效避免现有中心化数据存储所带来的数据被滥用的问题。

数据溯源：区块链节点特有的时间戳，能够有效解决现有数据易被篡改的问题。

数据隐私：区块链架构能够有效实现用户对自身数据的权益，有效保障用户隐私安全。

还有信息孤岛与价值孤岛等问题，都可以通过区块链技术一一解决。

案例 7.1

运通链达"审计链"

运通链达的"审计链"平台是运通链达自主研发的区块链存证系统，也是集成国密安全技术的审计大数据平台，使用 AI 技术打造数据采集、操作存证、审计结果链上链下交互的模式，为审计前、审计中和审计后提供全方位的区块链赋信，优化审计流程，提高数据流转的安全性、可靠性。

案例 7.2

南沙区行政审批平台

根据南沙区的业务内容，通过区块链管理业务权限实现分步骤授权的三层权限管理体系。应用区块链防篡改的特性引入工作流机制，支撑录入—办理—审批—存档的业务流程。通过智能合约智能触发预警机制，进行指标管理、预警处理。通过行为过程统计分析办件效率、办件流程，提升办件过程的优化。

案例 7.3

天河区块链＋党政一体化协同办公平台

天河区块链＋党政一体化协同办公平台区旨在将政务协同办公系统数据和日志进行管理，实现加密处理，达到不可篡改、实时可追溯的效果，有效确保政务数据的安全性。

案例 7.4

宇链"出入通"智慧防疫平台

宇链"出入通"智慧防疫平台通过应用区块链技术，重点对数据安全、数据隐私进行保护，统一了数据类型和管理途径，既解决了用户数据的安全问题，同时也为当地政务部门提供了信息服务。人员的流动、疫情的态势清晰明了，复工复产和安全稳定不再是"二选一"，安全建设成为可能。

同时，"出入通"逐渐被用户接受，成为用户习惯，得以在"后疫情时代"作为智慧城市的重要基础设施，继续在智慧物业、流动人口的管理和监管等方面发挥巨大作用。

对供应链金融痛点的分析

　　中小微企业融资困难主要体现在，中小微企业运营过程中的很多指标难以控制，银行信贷的融资标准相对而言比较严苛，因此就阻止了资金流向它们，限制了其相关金融业务规模的健康扩展。金融机构如果采取比较传统的方式核对各关联方的信息，就需要消耗大量的时间成本和人力、物力等资源，因此必须采用有效的技术使交易验证的过程更加便捷，降低风险控制成本，保证信息的唯一性、真实性。信息与信息之间缺乏完整性，且互相割裂开来，难以有效融合，具体表现为信息流、商流、物流和资金流各有一套运行规则，泾渭分明，因此互通手续繁杂。

7.3　区块链需求的分类

　　区块链需求的分类与其他研发产品需求的分类大体相同。研发产品的需求一般有以下类型。

　　1. 功能性需求

　　功能性需求是对产品必须执行动作的描述。每个功能性需求必须有一个验收标准，验收标准是一个目标，它使我们可以测试提交的产品是否按规定实现了该需求。对功能性需求来说，其验收标准取决于所要求的动作，例如如果功能是记录一些数据，那么验收标准是数据必须能取出，且必须符合一定标准，数据计算结果还必须符合预期结果。

　　2. 易用性需求

　　易用（Easy to Use）性是以用户为中心的设计理念，把用户所关注的东西贯穿区块链等产品研发过程的始终，是系统良好设计的一部分。易用性的验收标准主要关注产品的持续使用效率如何，包括使用产品前是否需要经过一定的培训，经过多长时间的学习可以熟练使用。因此，易用性往往体现在界面配置、功能排列、流程向导、系统安装等程序上。

　　易用在某种程度上是以易见（Easy to Discover）和易学（Easy to Learn）为前提的。不易见会导致某些功能设计不易被发现，从而无法被使用；易学则针对不经常完成的任务，用户下次使用它时可能早已忘记如何使用，不易学则会导致产品难以满足易用性需求。

　　3. 性能需求

　　性能需求具体包括速度、安全性、精度、可靠性、容量等方面的需求。

　　1）速度需求。速度需求是指有些产品必须能够在给定的时间内完成某些功能，如果无法实现，则可能会造成灾难性的后果。其验收标准必须是可测试的性能度量标准，即通过说明在怎样的条件下产品必须达到目标时间限制，且可以调整上述标准。不同类型的产品对速度有着不同程度的需求，若研发制导系统，速度是极其重要的需求，而一个每六周才运行一次的库存控制报告系统对速度的要求就很低。

2）安全性需求。安全性需求是指为量化人身伤害、财产损失和环境损害的风险，产品应通过相关认证，符合相应标准。认证由有资历的测试工程师来完成。安全性需求主要关注以下方面：谁可以被授权使用该产品，有没有管理层比较敏感的数据，是否存在低级用户不希望管理层访问的数据，有没有可能造成损害或者可能被用于私利的流程，是不是有些人不应该拥有该产品的使用权。

3）精度需求。精度需求是对产品所产生结果的期望精度的量化描述。

4）可靠性需求。可靠性需求是指允许的故障间隔时间或总故障率。可靠性需求主要考虑产品是否可用，以及是否在任何时候都不会失效。

5）容量需求。容量需求是指明确处理的吞吐量和产品存储数据的容量，保证产品有能力处理期望的数据量，以建立客户期望和期望容量之间的关系。

4. 操作需求

操作需求强调可能有特殊需求、需要特别准备或培训的情况，以确保产品适合在预期环境中使用。操作需求大部分是由"需求限制条件"中对工作场地的描述导出的，一般与易用性需求一起编写。

5. 关联性操作需求

关联性操作需求是对产品必须与之交互的其他产品的描述，而与其他产品交互的需求常常要到实现阶段才会被发现。所以，及早发现这些需求可以避免某些返工。针对各个产品之间的接口进行相关的信息描述，以便使用这些信息来确定该产品是否能与关联产品成功地协同工作。

6. 可维护性需求

可维护性需求是指为量化修改产品所需的特定时间，而可能会产生的一些特殊维护要求，例如产品必须由最终用户或非原始开发人员维护。这可能会影响产品的开发方式，并且可能会有额外的文档和培训要求。

**案例
7.6**　　　　　**用户购买产品的影响要素及需求指标**

1. **价格要素**：客户愿意为其满意的产品支付的价格受到现实和感觉两个方面因素的影响，主要包括是否具有技术先进、成本低廉、费用可控、使用简易、生产便捷等特点。

需求指标：质量、安全性、可靠性、完整性、误差限值、适应性、强度、荷载。

2. **保证要素**：考虑客户在可预测环境下对产品在可靠性、安全、质量、性能方面的评价。

需求指标：销售、渠道、交货期、广告、配置、定价和客户定制。

3. 性能要素：从实际和感觉两个方面来考虑所交付产品的功能特性和性能，从客户角度考虑是否能提供更好的性能，如速度、功率、容量等。

需求指标：吸引力、速度、容量、规格、功率、适应能力、功能多样性、尺寸。

4. 包装要素：包装的性能、质量、外观及其他视觉特征，包括风格、结构、样式、色彩、图形、工艺设计等。

需求指标：风格、尺寸、数量、几何设计、模块性、界面、图形。

5. 易用要素：交付的易用性，包括舒适度、文档支持、人性化、直观性、输入输出方便性等。

需求指标：使用舒适、易于操控、显示、培训方式、文档要求、界面、帮助系统、接口、人为因素。

6. 可获得性要素：用户容易购买到，包括预售平台、购买渠道、交货速度、产品上下游衔接、可供客户选择定制的空间等。

需求指标：质量、安全性、可靠性、完整性、误差限值、适应性、强度、荷载。

7. 生命周期成本要素：用户使用的生命周期成本，如安装、培训、服务、供应、效率、价值折旧、加工等成本。

需求指标：产品寿命、正常运行/停工时间、可维护性、服务、备件、升级、运维成本、安装成本。

8. 社会接受度要素：影响用户购买的其他影响，如第三方评价、形象、政府或行业标准、法规、法律关系等。

需求指标：间接影响、采购代理商、社会普遍认可和接纳程度、法律关系、工作场所、政治。

7.4 产品视角：需求分析

7.4.1 需求分析的定义与重要性

需求分析的定义可以简单概括为"从用户需求出发，挖掘用户的真正目标，并转化为产品需求的过程"。从这个定义中，引出了用户需求与产品需求这两个概念，这里的用户需求指的是用户最表层的需要，而产品需求则是为了满足用户需求所想出的产品方案。

需求分析是至关重要的一环，因为它是从解决方案到产品这整个过程的第一步。首先，需求分析极大地降低了返工的可能。不同的区块链解决方案适用于不同的业务场景，前提是需求是什么，想要达到什么目的。针对这些方案去细化用户的场景和行为，去质疑论证现在的区块链解决方案。其次，需求分析促进成员间的合作。和区块链解决方案业务方站在统一战线上，是做好产品的开端。最后，需求分析体现团队的专业素养和价值，团队话语权得以提升，客户认可度与信任也会提升。

7.4.2　从问题到解决方案

《动机与人格》一书中提出了"问题中心"和"方法中心"两个概念。下面举例说明。

从"问题中心"的思路出发，只要能解决问题，用什么方法就不再是最重要的事情。比如，旺旺对话框里的计算器，调用的是 Windows 操作系统的自带功能，从技术角度来看这一解决方案非常简陋，但的确能实实在在地满足买家、卖家沟通时讨价还价的现实需求，可以视为"问题中心"的成功典范。从"方法中心"的思路出发，方法本身就是核心追求，至于这个方法究竟能解决哪些问题，可以暂不考虑。比如有些业内顶尖的公司，早在几年前就成立了研究人工智能的实验室，当时只是基于对未来趋势的预判，并不知道研究成果能用在哪里，但大家心里清楚，等数据积累量足够多、算力足够强、算法足够厉害之后，总能找到应用场景。而从事产品经理这个工作，可以让我们渐渐学会在两者之间找到平衡。产品经理的工作就是分析问题。在一个团队中，技术人员的思维侧重"方法中心"，业务人员的思维侧重"问题中心"，而产品人员则要融合这两种思维——需要先侧重"问题中心"，尽快找到"用户需求"，回答"Why"和"What"，然后侧重"方法中心"，最终设计出"产品功能"来回答"How"，如图 7-1 所示。Y 模型展示了从问题到解决方案的转化过程。

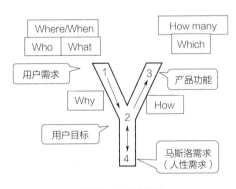

图 7-1　Y 模型

7.4.3　Y 模型的基本概念

产品经理工作中经常说的"需求分析"，就是指从问题到方法（解决方案）的转化，或者说是从用户需求到产品功能的转化。这个转化过程一般以 Y 模型来表示。

7.4.4　Y 模型的核心价值观

Y 模型可以总结为：用心听，但不要照着做。对需求分析而言，做事方法和思维方式就在于此——你需要用各种方法去了解用户需求，但是不要照着做。

　　成熟市场的竞争更激烈，仅仅满足用户提出的需求并不能令他们惊喜，因为他们事先已经有了心理预期。只有让用户觉得自己都没有想到的问题被你想到了，他们才会对你产生正向情感。

【小结】

　　本章首先介绍区块链技术的应用需求在当今社会的争议，通过重点案例介绍区块链的真需求与伪需求。接下来介绍挖掘产业痛点的两个重要方法，即痛点深度剖析法和产品及周期优化法，并通过这两种方法从用户优先和先入为主两个角度挖掘区块链产业的现有相关痛点，进一步对区块链等研发产品的需求进行分类。最后，从产品经理的视角介绍需求分析的重要性和需求分析中常用的 Y 模型。

【习题】

1. 痛点深度剖析法的第三度是（　　）。
　　A. 本质需求　　　　B. 多重拆解
　　C. 仔细挖掘　　　　D. 有多想要
2. 根据自己的理解谈谈什么是区块链的伪需求。
3. 简述区块链现有相关痛点。
4. 简述 Y 模型的基本概念及核心价值观。

第 **8** 章
解决方案的设计与评价：区块链到价值链的路径

【本章导读】

一个好的区块链产品离不开一个优秀的解决方案，本章首先通过对解决方案的界定及一般构成等基本概念进行阐述，使读者了解一个完整的解决方案需要包括哪些内容。随后，通过进行痛点分析，梳理业务流程和角色定位，建立痛点体系，使读者清晰、完整地了解设计一个区块链产品如何提供合理有效的对策及价值。通过本章可以使读者系统地掌握如何设计出一款针对"问题"、解决"问题"的优秀解决方案。

8.1 解决方案概述

8.1.1 解决方案的界定及一般构成

解决方案是指对某些已然出现，或者是能够预期的问题、缺点、不足和急切的需求等，所提出的一个解决整体问题的方案，且它可以快速有效地实施。解决方案是对一个具体项目的规划设计，围绕具体的需求而展开，阐述技术、方法、产品和应用，通常是指解决问题的方法。解决方案的一般构成见表 8-1。

表 8-1　解决方案的一般构成

组成部分	内容	作用及意义
概述部分	概述作为方案的序曲是必不可少的。概述通常介绍客户行业的发展趋势、国内外先进的技术与管理方式，以及本方案的目的、意义等	负责客户的技术人员应对概述有清楚的了解，且不能直接跳过它。客户公司的领导往往会关注这些信息，好的概述甚至可以增加公司决策者的信赖和支持
需求分析部分	需求分析反映的是方案是否了解客户想要采用什么技术，需要实现什么功能	它是公司决策者和客户技术负责人关注的焦点。好的需求分析可以让客户意识到我们其实是在为客户考虑，详细的需求分析可以增强双方的亲密度
系统总体设计部分	系统总体设计主要阐述了系统模式、系统框架、系统组成、系统功能、系统特点和关键问题解决手段	这是客户技术总监关注的重点。通过系统整体设计把握整个系统设计的大方向，在系统整体设计中体现整体方案的精髓，从而获得客户技术总监的基本认可
系统详细设计部分	系统的详细设计方案必须详细清晰，并在不同层次和一个分子系统中详细阐述和介绍	这是每个部分的详细设计，主要针对客户技术人员。客户技术人员会仔细阅读、对比、分析每一个技术细节，并结合用户的实际使用需求，验证各项指标和功能

8.1.2 解决方案的目标

一个优秀的解决方案必须包括的要素：问题为什么会发生，是否会再次发生，这个问题是否会导致其他问题，这个问题是否反映了其他潜在的问题，如何避免这些问题，在制定这个解决方案的过程中积累了什么经验等。解决方案不局限于解决本次问题，它应该避免相关问题的出现，警示相关的人员，并且能够使经验得到传承和积累。

8.1.3 制定解决方案的基本步骤与要领

制定区块链解决方案主要分为四个基本步骤，且无论企业属于哪个行业，这些基本步骤都适用。

1. 开发用例

在第一个步骤中，我们应该问的最实际的问题是，区块链适用于哪些产品，而更实际的问题是，区块链不适用于哪些产品。有些系统的开发不仅仅是由客户价值直接驱动的。那么，区块链的哪些方面可以带来最大的客户价值呢？

无论如何开发用例，对于已确定区块链用例的企业，它们都会向供应商（或合作伙伴）寻求适合的解决方案，或者将在内部开发该技术。较小的公司更有可能寻求供应商提供产品，它们很可能会与文档管理领域的利基供应商合作，看看它们如何将分布式账本技术融入产品中。对这样的公司来说，使用采用分布式账本技术的产品会带来竞争优势。

对于为区块链项目寻求帮助的 IT 企业而言，围绕该技术开发的生态系统仍然不成熟。根据 451 Research 公司 2019 年的报告，当时全球有近 300 家比特币和区块链相关的初创公司，它们致力于开发技术用于金融、生产、存储、智能合约、社交网络、供应链管理、身份管理、治理、零售和物联网产品领域。大多数大型 IT 供应商也都在积极参与区块链项目，大型咨询公司和系统集成商也在围绕该技术进行开发。

2. 概念证明

区块链实施的概念证明（PoC）阶段可能需要 1~3 个月的练习。当创建的一个系统被集成到独立的沙盒环境中，我们可以看到该软件运行在使用真实客户数据的模拟环境中。它不会影响客户，并且其中都是真实的客户数据和实际的交易量。如果需要更大的交易量，比如每天一百万笔交易这样的水平，那么可以看到区块链系统能够自动扩展以满足这种需求。

从工程方面来看，PoC 不是基于方法论，而是试图快速迭代，快速失败，例如让 10 名工程师在两个月内完成 10 个项目，肯定会出现很多问题。此外，云端是区块链 PoC 的最佳场所。

尽管可使用公共云服务进行测试，但大多数公司都不会在公共云进行私人或许可区块链的测试。一般没有企业会在公共区块链进行首次测试，大量的开发用例都是 100% 在内部完成。

3. 现场试验

在 PoC 后的任务是，将实际数据投入生产环境。这通常意味着一项小型试验，可能有 5% 的客户或使用较少量产品的客户。技术人员可能会在他们的客户产品集中找到一个使用量较低、不那么面向客户的用例，然后他们可以向董事会 CEO 级别人员展示这些用例，也可以向相关的工程师展示这些用例，以了解相关知识。

现场试验不只是从 PoC 转移到生产环境，而是重新启动。实地试验的要求可能与 PoC 完全不同。一旦企业对它们正在使用的软件感到满意，并对测试过程感到满意，它们可能会选择在企业内部硬件而非云端上部署区块链项目。

纳斯达克的 Linq 系统就是第三步的例子。该系统于 2015 年 12 月 31 日上线，利用区块链技术来管理私人市场交易。该系统是对真实客户的现场试验，但它的交易数量并没有纳斯达克科技股那么高，微软或苹果实际股票交易的数量很容易达到 Linq 系统交易数量的 10000 倍。

4. 全面推广

大多数客户尚未进入第四步。与前一步相比，全面推广到生产系统需要对区块链应用程序作出更多的承诺：生产系统不受控制，并可根据需要扩大规模；可以帮助到所有用户；能够自行运行。然而，到目前为止，大多数区块链项目都还没有实现这一目标。

8.1.4 若干注意事项

2019 年，Gartner 首席信息官调查显示，只有 4% 的企业认为区块链将给它们带来变革，只有 11% 的企业已部署或者准备在下一年部署区块链创新技术（这里面也包括部署最简单的区块链技术的企业）。

我们应思考以下问题：区块链能够为企业带来什么价值；企业如何在未来五年应对区块链的挑战。

1. 事实一：区块链带来许多能够逐渐进化的机会

区块链不是一项单一的技术，而是包含了智能合约、通证、共识模型（Consensus Models）等多项成熟度和可用性不断提高的技术。企业应制定自己的区块链增量式进化策略。

区块链进化分为四个阶段：

1）区块链储备阶段。这一阶段的技术为区块链奠定了基础，主要包括加密算法、共识算法、分布式计算基础架构、通证等。

2）区块链创新阶段。这一阶段的技术包含了部分区块链的组成部分，但缺少两个核心组成部分——去中心化和通证化（Tokenization）。

3）区块链完善阶段。这一阶段的技术包含了区块链的所有五个组成部分——去中心化、不可篡改、加密、通证化和分布式。

4）区块链增强阶段。除了区块链的五个组成部分之外，区块链增强阶段还加入了人工智能和物联网等技术，使区块链成为更加智能的解决方案。

2. 事实二：区块链在未来五年会改变企业的运营模式，但不一定会改变企业的业务模式

虽然区块链最终将改变业务的核心，但这项技术在未来五年主要影响的是企业的业务执行方式。仅仅关注区块链目前的用途（例如效率和记录）是不够的，应充分把握机会，使用区块链技术深化业务变革，为企业带来真正的价值。还应寻找区块链可

以强化企业价值主张的领域，并且提出可以真正给企业带来差异化的项目。所以，真正应该考虑的是如何使用这项技术给业务带来效益，而不是为了购买一项听上去很先进的"革命性技术"。

3. 事实三：区块链提供创建多资产数字化经济的能力

应该以创新的思维看待市场上的通证化和数字化资产，这样能提高一些企业的效率，也能为一些企业开辟全新的市场。此外，还应思考通证化如何帮助当前和未来的业务运营，同时与该生态内的合作伙伴探讨通证化的潜力和可能带来的挑战。

4. 事实四：区块链将带来一个新的社会，但它无法解决所有层面的信任问题

区块链的主要组成部分之一是去中心化，这使流程中的权力得到下放，可使从未进行过交易的双方建立一定程度的信任。也就是说，参与者将不仅限于个人和企业，还将包括智能合约、分布式账本、联网物件（Connected Things）和去中心化自治组织（DAO）。

区块链将促进所有这些参与者之间的交互并形成一个新的社会，但无法解决所有信任问题，如任何实物或未完全数字化的物件都将获得有限的信任值（如果有的话）。区块链也有其潜在缺陷和薄弱环节，不要将区块链夸大成一项能够解决所有问题的技术。

5. 事实五：可编程经济将在未来建立竞争规则

事实上，区块链及其核心组成部分不但会彻底改变商业格局，而且还会改变企业所在的这个世界。区块链将实现智能电子商务，最终实现可编程经济。

可编程经济产生的原因是以去中心化的方式使用分布式计算资源，例如大规模地使用区块链，从而帮助法律地位相当于目前法人和自然人的人、企业和人工主体之间进行货币和非货币价值交换。随着消费者行为的改变和新惯例的采纳，最终将产生一个数字社会。到那个时候，企业机构不仅需要开发技术，还需要制定数字社会中的道德和惯例。

8.2　归纳与梳理问题及其影响

8.2.1　界定"问题"——痛点分析

痛点分析已经成为一个众所周知的词。痛点分析发生在产品开发阶段，它针对市场或用户，是确定产品用户后的一个必要阶段，此处的调研决定了产品的实用性和创新性。想要搞清楚什么是市场痛点，就要先弄明白什么是痛点，以及什么是用户痛点。

痛点的内在含义可以理解为：人们对期望中的产品和服务的满意程度与现实的落

差。痛点的本质是用户未得到满足的刚性需求。用户的痛点是用户在做某件事的过程中遇到的痛苦、麻烦、不便、困难、抱怨等障碍。市场痛点是一群用户在细分市场做某件事时普遍遇到的痛苦、麻烦、不便、困难、抱怨等障碍。

一个群体的用户痛点就是一个细分领域的市场痛点。

案例 8.1

同城快递痛点分析

国内快递市场中很多快递公司长期提供同城快递服务，一般一天到，有些早上的快递下午到，中间至少要几个小时。但是很多公司和个人都遇到过这样的情况，合同、证件等重要紧急物品需要在一两个小时内送达，目前的同城快递无法满足要求，自己送时间成本又很高。

同城快递需要在短时间内送达，这是用户的痛点，也是大多数公司和个人的痛点，也就是同城快递市场的痛点。如果你找到了这个用户痛点和市场痛点，市场上也没有企业或个人能提供好的产品和服务来解决这个痛点，那么，如果你能拿出一个解决方案，这是一个很好的市场机会。当然，这个市场痛点已经被解决了，它就是同城即时速递品牌闪送。

8.2.2　梳理业务流程及角色定位

什么是业务流程？业务流程是指为实现某一目标而进行的一系列逻辑上相关的活动。狭义上来讲，业务流程指的是一系列与顾客价值满足相关的活动。

业务流程的经典定义是：把某一组活动定义为一个业务流程，它有一个或多个输入，输出一个或多个结果，从而实现企业一系列价值创造活动的组合。

ISO9000 将业务流程定义为：一组将输入转化为输出的相互关联或互动的活动。

我们需要先对原有的业务流程进行梳理，然后找出可以优化的环节，从而设计出新的业务流程。

业务流程具有层次性，有总负责人，有节点负责人，每个节点责任明确。梳理业务流程可以帮助我们更好地了解客户的业务流程，更好地挖掘企业的业务需求，将业务需求转化为对区块链产品的需求；同时，可以帮助管理者优化组织结构，平衡资源配置，发现风险点和弱点，降低运营成本，加快市场反应。

1. 区块链对公共部门业务流程的优化

区块链数据不可篡改的特性将允许政府开发出交易记录持久保存且不可更改的系统，这将创建更高效的业务流程。此外，它还将加强记录的安全性。最重要的是，这项技术将增加地方政府和它们所服务的公民之间的透明度，从而增加公私部门之间的合作和信任。

2. 区块链对企业经营业务流程的优化

区块链的数字身份将简化政府与企业以及企业与企业之间的交互。在过去，与政府或其他企业机构合作时，企业需要单独联系各个部门，而基于区块链的数字身份可以让社会的所有成员通过一个单一的入口直接访问所有机构，从而消除了与企业运作相关的烦琐操作，可鼓励更多的公私部门进行合作。

案例 8.2

金融服务行业的解决方案

金融服务行业是能够从这类区块链架构中获益的行业之一。印度储备银行（Reserve Bank of India，RBI）在 2018 年向三家实体颁发了许可证，允许它们提供一种基于 Hyperledger Fabric 的贷款解决方案，以减少欺诈。RXIL、A.TReDS 和 M1xchange 合作建立了一个应收款融资解决方案小组。应收款融资是中小企业解决周转资金需求的增长最快、效率最高的贷款工具之一。该小组共同建立了一个竞争的市场来满足这一需求。

该小组试图解决的一个挑战是，阻止企业通过向多个提供者提交信贷申请，来寻求更多的资金。Chenard 分享了他们如何能够避免重复融资：搭建一个共同的区块链平台，这个交易平台能够在不共享任何发票或客户特定要素的情况下消除双重融资的情况。最终，交易平台能够向其所有客户提供更高的利率，并为更多被认为风险过高的企业提供获得资本的机会。

另一个需要解决的问题是，参与建立这一交易平台的三个组织都是竞争者，因此维护隐私非常重要。Chenard 解释道：客户对其采购投入特别敏感，交易平台必须不向由任何一个实体控制的共享登记处提供其任何客户的信息。通过创建一个建立在超知识结构上的区块链网络，再加上一些智能加密技术，这种担忧被消除了，因为这种技术使交易平台能够在一个共享的网络上协同工作，并在不侵犯隐私的情况下实现共同的目标。

我们在梳理业务流程的过程中，需要更多地考虑业务实际展开以及业务应用场景的合理性，要注意以下几点：

（1）要完整还原现有业务流程，不管是线上还是线下　不管是线上业务还是线下业务，一个业务的实现需要一个确定的流程，即便是先前没有做过流程化的梳理，也必然存在相对确定的流程。因此，我们可以先基于业务现状，对其进行流程梳理。在这个过程中不能加入自己的想象，也不能按照自己的逻辑去画流程图，一定要和实际操作人员去交流和沟通，最大可能地还原实际操作的业务流程，否则容易忽略核心环节。

案例 8.3

重复审核的优化思路

常见的费用报销流程中都会有财务会计审核和财务出纳打款的环节，如果只是简单地把这两个环节加入到流程中去，而不去和会计人员沟通，很容易造成业务理解的片面性。有的公司业务比较简单，审核一次就可以了；有的公司业务比较复杂，需要审核两次。

财务会计初审：主要审核费用报销项目是否存在疑问，是否在公司批准的报销范围，是否符合员工的报销限制，之后报送领导审批。

财务会计复审：主要审核发票是否合规，以及是否有虚假上报等，之后才给到出纳打款。

如果产品在功能上能满足简单的报销项目和报销权限的自动校验，第一次审核就完全可以优化掉。但如果不去梳理业务流程，可能就无法及时发现之前业务流程中可以优化的问题。

（2）通过职责梳理确定流程架构和目录　通过梳理职责，确定流程与职责的对应关系，这样可以为之后描述流程和优化流程做基础；通过对照相关规定，发现各部门在职责方面的问题（如缺失、交叉重叠等）；通过职责分解，解决对应流程中可能出现遗漏流程的情况，也为改进职责体系提供可能；通过对照制度，发现制度体系本身的问题（如制度缺失、过时等）。

（3）通过流程诊断实现流程优化　体系是流程诊断和优化的重要基础和依据。根据体系对流程进行评审，发现流程与体系的不一致，识别改进或优化的机会，充分发挥流程体系与体系管理的协同作用。

通过对流程进行跨部门评审，促进各种管理体系的改进；结合控制要求和广泛应用的流程诊断技术对流程进行诊断，根据诊断结果进行流程优化。

在流程优化过程中，要在整个架构的框架下考察流程，既要保证流程的完整性和顺畅性，又要注意流程各工作步骤之间的联系。

案例 8.4　协作单位业务流程的梳理

为了高效地运行，业务流程依赖来自信息系统的数据。要在企业外部的信息系统中创建和修改数据，目前的一个常规手段是在碎片化的信息系统之间迁移流程所需的数据。此方法不但复杂而且成本高昂，往往还会产生一些过时和不一致的数据。更令人担忧的是，还会导致缺乏透明性和信任。

图8-1中展示了道路工程审批中的协作单位，包括建设单位、咨询部门、政府部门、勘察设计单位、施工单位、监理单位、质检部门和运营单位。图8-1中所示系统是碎片化系统。每个单位都维护着自己的信息系统，其中包含着道路工程信息（例如项目施工信息）。如果施工单位的信息系统中更新了工程的建设进度和安全数据，建设单位的信息系统中也需要对该数据进行更新。

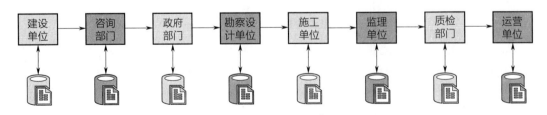

图8-1　协作单位信息系统示意图

区块链技术可以解决碎片化系统中的互操作性、信任和透明性问题。从核心来讲，区块链是资产和事务记录的分布式账本。智能合约控制了不受信任的各方之间的事务执行，确保合约条件得以满足，义务得以履行。许可区块链确保区块链上的所有信息和事务仅供拥有合适权限的网络成员使用。

图 8-2 中展示了使用共享账本的网络中的各方。

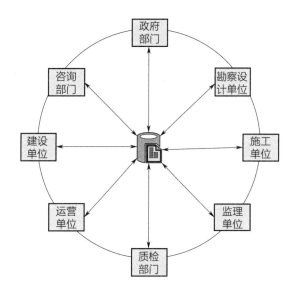

图 8-2　共享账本

在业务流程管理术语中，资产生命周期就像一次统筹安排，其中涉及的多个参与者都有自己的业务流程。这些单独的流程通过基于消息的接口实现彼此交互，而这些接口遵守各对参与者之间的单独合约。

但是，如果业务网络包含一个维护单一事实版本的分布式账本，那么该账本需要提供接口。参与者在账本上获取和更新信息，并在信息被其他人更新时对事件作出反应。通过使用分布式账本作为基础记录系统，所有参与者都能实现重大的业务流程改进。

8.2.3　建立痛点体系

为什么我们需要不停地寻找痛点？因为用户需求和行业都在不断变化，过去的痛点可能很快就不再是痛点了。当大部分厂商都专注于曾经的痛点时，我们可能需要挖掘新的痛点，以找到新的突破点。

大多数人的思路是基于原本的痛点考虑解决方案的合理性，以及如何能更快更高效地提高性能。而寻找痛点则是考虑是否提出了正确的问题，例如提高性能是否是最应该实现的目标；如果不是，应该提出什么新问题。

所以，寻找用户痛点往往意味着提出新的问题，而不是对原有问题提出正确的解决方案。

8.3　提供合理有效的对策及其价值

8.3.1　区块链的核心应用原则及其应用场景

区块链技术可以使系统中的所有数据信息具备开放性、透明性、不可篡改性、不可伪造性和可追溯性，无须第三方背书。区块链作为底层协议或技术解决方案，可以有效解决信任问题，实现价值的自由转移。它在数字货币、金融资产交易结算、数字政务、证书防伪、数据服务等领域有着广阔的前景。

然而，区块链技术应用虽然具有多元、广阔的前景，但是从其技术特征和商业价值来看，区块链技术在实际应用中也存在着壁垒和制约。因此，在规划现实区块链场景以及选择区块链技术前，必须根据区块链的应用原则判断、分析和评估改进现有模式的可行性，以及区块链技术在此种应用场景下的适用程度，否则就不能收获显著的成效，甚至适得其反。具体而言，区块链的核心应用原则有四项，即协同原则、高效原则、信任原则和自治原则。只有在这四个原则都被满足的情况下，区块链技术才能投入使用。

1. 协同原则

协同原则是指各系统在实现本职工作的同时，通过诸如共享业务行为、共享资源等方式进行相互协作，以获得比各系统分别单独运行情况下更大的效益。简单来说，就是"1+1>2"的效应。根据协同原则，在选择是否应用区块链技术时，需要考察应用场景对信息共享是否有较高要求，以及是否属于多个参与主体的分布式协同模式。区块链的协同原则主要有以下应用场景。

1）企业间信任度不高。区块链是增强信任的技术，如果参与的企业数量较多，且相互间未存在天然信任关系，区块链技术能够通过利用智能合约、共识机制等来搭建信任。

2）激励生产的需要。为了提高生产效率，区块链技术凭借其预先设定的公开透明的规则和计量优点，实现各主体权益的公平分配，提高其积极性。

3）降低成本的需要。当应用场景中协作方众多且贸易背景调查成本较高时，在区块链底层的共享账本之上搭建智能合约能够降低相关成本，从而提升效率。

4）降低信息不对称和风险程度。应用区块链技术有助于抑制选择性共享信息、制造虚假信息的倾向，通过分析供应链各节点的实时数据，进行智能化信息追踪，将信息共享至链上各参与方，从而改善需求预测合理程度，增进信息透明度，保障信息的可信性、准确性，保证协同的高效性。

5）拓宽商业合作边界。区块链解决了数据业务和交易对象信任问题，拓展了协作空间，让原本无法串联的合作伙伴以及新的业务协作方式可以在区块链中得以实现，这使得新的商业模式释放出更加强大的协作力量。

2. 高效原则

高效原则是指通过应用区块链技术，可以缩短业务流程及所需时间，降低成本，从而实现效率提升。区块链可以实现效率提升和环节简化，适用于想要改进业务运行效率的情况。一般而言，区块链的高效原则主要有以下应用场景。

1）适用于机构冗余、交易中间组织较多的情形。区块链采用点对点结构，所有节点均具有同等地位，可以便利多方业务中不同参与主体的互相衔接，而不需要专门核心机构管理业务过程。因此，区块链可以缩短业务流程，提升业务办理速度，缩短业务运行周期，实现更高的效率。同时，智能合约可以及时、自动呼应客户需求，不需要第三方中介机构的参与，降低了服务费用。

2）适用于业务流程和环节较多的情形。首先，区块链的智能合约条款于事先决定，可以自动进行适用条件判断、自我验证，减少交易双方在业务过程中的矛盾冲突。其次，智能合约也能提高业务流程中每一个环节的可见性和流动性。

3）适应发展数字经济、助力数字资产确权和流通的需要。区块链创造了包括比特币等在内的数字资产，其可以通过计算机进行编程，交易时只不过是进行代码间的转换，可以根据规则实现无需中介、不需人为参与的交易，破除了资产交易的空间限制，并可节约人力资本，排除操作误差。

3. 信任原则

信任原则是指区块链依靠智能化记账和多方共同参与，经过各个节点交互核验，保证数据真实性、准确性和全网可验证性，并实现交易信息透明、隐私保护，建立多方信任体系，从而形成基于区块链技术的算法信任。具体而言，区块链的信任原则主要有以下应用场景。

1）适用于传统信用制度存在缺陷、市场风险较大的场景。

2）适用于信息不对称的领域。

3）适用于参与主体复杂、信用基础缺乏、信息调查成本较高的应用场景。

相较于传统信用制度，区块链在实现信用上有明显优势。区块链提供信用的方式是通过点对点信息运输，让参与主体均可充分获知链上的所有信息。这可减少企业选择性公开信息、数据造假的倾向，增强信息透明度，大大减少了信任成本，并有助于人们运用相同的信息达成同一共识观点，减少信息不对称和意见冲突，促进合作。

4. 自治原则

自治原则是指区块链可以通过自身机制实现自我监督和自我治理功能，并在不同业务链之间的信息交互条件下，引入验证人和监督者机制，实现快速的信息自动交换和核验，使更多业务主体加入到其管理和监督过程之中。区块链的自治原则主要有以下应用场景。

1）适用于开放、平等的参与主体之间。区块链的自治原则并不能适用于所有的应用场景。现实中存在许多企业之间层级分明、权力差距大的体系，这些体系更适于中心化模式的运行。在参与主体权力相近、地位平等的体系中，区块链能够发挥更高的价值。

2）适用于合约风险较大、监管成本高或机制不健全的情形。首先，合约具有预设性和不可更改性。区块链所使用的智能合约一旦开始运行，合约中的任何一方都不具有单方面修改合约内容或者干预合约执行的权力。这种特性可以保证交易以最初的设想进行而不至于中途出现变更，降低人为干预产生的风险，保障业务流程顺利运行，实现自治能力。其次，自主对资格和合约进行监督，对问题进行仲裁。区块链的监督和仲裁也是凭借计算机预先制定的规则进行的，既明确不同主体应承担的义务，又保障各主体的应有权益，提高了监管效率。

3）适用于跨部门、跨区域、跨体系的应用场景。首先，区块链通过信息联通，能够削弱不同区域机制之间具有的消息壁垒，减少监管等所需成本，实现信息共享和监管合作机制，加强跨地区、跨部门、跨层级协同联动。其次，充分挖掘、整合、深入分析文化、金融、生态、社会等方面的相关数据，还可以提前预测未来社会发展的热点领域，为各参与主体进行风险决策提供参考。

8.3.2 区块链的三个层面

基于系统总体架构与功能架构，以及实现的工具，区块链分为服务网络、底层技术和应用层技术三个层面。系统的实现步骤分为区块链部署、数据存证、可信共享、业务协同。

1. 服务网络 BSN

由国家信息中心牵头，会同中国移动、中国银联等单位联合发起并建立了 BSN。BSN 是基于区块链技术和共识机制的全球性基础设施网络，是面向工业、企业、政府应用的可信、可控、可扩展的联盟链，致力于改变联盟链应用中局域网架构的高成本问题，以互联网理念为开发者提供公共区块链资源环境，极大降低区块链应用的开发、部署、运维、互通和监管成本，从而使区块链技术得到快速普及和发展。BSN 已于 2020 年 4 月正式上线商用运营。

BSN 是一个跨云服务、跨门户、跨底层框架，用于部署和运行区块链应用的全球性公共基础设施网络，其目的是极大降低区块链应用的开发、部署、运维、互通和监管成本。

区块链服务网络的基础架构如图 8-3 所示。同时，服务网络支持标准联盟链、开发联盟链和公有链架构（但在我国不支持公有链应用），服务于工业和企业级应用。

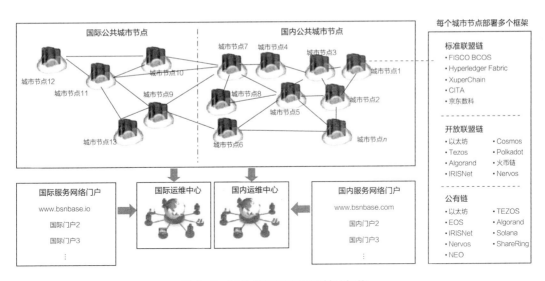

图 8-3　区块链服务网络的基础架构

区块链服务网络上的所有公共城市节点通过互联网进行连接。应用发布者在任何一个服务网络的门户内根据业务需求选择底层框架和若干城市节点，以及每个节点上所需的吞吐量、存储量和带宽[⊖]来发布联盟链应用或公有链节点，并根据权限配置规则把联盟链应用灵活设定为私有链或联盟链。发布者可以选择任意组合的城市节点群来发布无限多的应用，而应用参与者可以在取得应用授权的情况下，连入任何一个应用部署的公共城市节点参与相关业务。在整个过程中，应用的发布者和参与者可以集中精力进行业务创新和执行，而不需要花费任何额外成本去建设和维护自己的区块链运行环境。

2. 底层技术 FISCO BCOS

FISCO BCOS 是一个由微众银行、腾讯、华为、四方精创、深证通、神州信息、亦笔科技、越秀金科和安永等金链盟成员机构于 2017 年协同打造的安全可控、稳定易用、高性能的金融级区块链底层平台。该平台获得了 2018 年度深圳金融科技创新专项奖一等奖，并于 2019 年入选成为国家级区块链服务网络中的首个国产联盟链底层平台。目前，FISCO BCOS 开源生态圈已汇聚了上万名个人开发者、超 1000 家机构与企业，在政务、金融、公益、版权、供应链、教育等不同领域已有许多落地应用，已发展成为最大、最活跃的国产开源联盟链生态圈。

3. 应用层技术

应用层技术是指基于系统总体架构与功能架构，结合 FISCO BCOS 底层技术，用于区域链开发、部署的技术。

⊖　即网络带宽，是指在单位时间（一般指的是 1s）内能传输的数据量。

8.3.3　根据痛点体系匹配工具、产品体系

目前，主流的工具库和产品库可以在网上直接使用，主要的如下：

Solidity：最流行的智能合约语言。

Metamask：与 DAPP 交互的浏览器扩展钱包。

Truffle：最流行的智能合约开发、测试和部署框架。

Truffle box：以太坊生态系统的打包组件。

Hardhat：灵活、可扩展和快速的以太坊开发环境。

Cryptotux：一个 Linux 映像，预配置了众多的工具。

OpenZeppelin Starter Kits：一个多合一的入门盒，供开发人员快速启动他们的智能合约支持的应用程序。

EthHub.io：以太坊的全面信息概述，包括其历史、治理、未来计划和开发资源。

EthereumDev.io：使用以太坊智能合约编程的权威指南。

Brownie：一个用于部署、测试以太坊智能合约并与之交互的 Python 框架。

Ethereum Stack Exchange：发布和搜索问题。

dfuse：用于构建世界级应用程序的光滑区块链 API。

Biconomy：通过使用简单易用的 SDK 启用元交易，在 DAPP 中进行无 Gas 交易。

Blocknative：区块链事件发生之前，Blocknative 的开发人员工具组合使使用内存池数据构建变得容易。

useWeb3.xyz：关于以太坊、区块链和 Web3 开发的最佳和最新资源的精选概述。

与区块链产品相关的工具库和产品库有很多，那么如何在众多工具中找到我们需要的工具呢？前文中，我们对业务流程进行了梳理并建立了痛点体系，因此我们在选择工具和产品体系时需要根据痛点体系来匹配，不同的痛点对应着不同的工具、产品体系。

1. 数据问题及信任问题解决方案——构建数据共享体系

对于数据问题，区块链上的数据具有真实可信、不可篡改等特征，可保证链上数据真实可靠，从而避免传统业务数据造假造成的数据安全风险；同时，区块链多方验证进一步保证数据的真实性。

对于信任问题，区块链数据具有不可篡改、数据公开透明等特征，能够有效解决贸易流程中的风险问题，最大程度降低多节点间业务数据泄露风险，打通参与主体间数据可信流通渠道。

案例 8.5

巴克莱银行应用区块链解决信用证问题

1. 案例介绍

巴克莱银行（Barclays Bank）将区块链技术引进并用于信用证、贸易金融和供应链

金融等业务领域。

2. 解决方案

巴克莱银行把国际贸易流程相关文件（如信用证和提货单）和相关交易数据储存在区块链网络中。区块链数据具有真实可信、不可篡改等特征，可有效解决数据信息验证、安全存储等难题。另一方面，区块链的智能合约、P2P 网络等技术可简化传统商业银行业务流程，提升业务效率。

3. 业务流程

商业银行业务相关参与方可通过相应区块链节点直接参与业务流程，基于区块链的商业银行可信数据系统能够实现参与方身份自动识别、相关信息智能匹配，缩减了业务手续，提升了业务办理效率。另一方面，商业银行通过区块链网络节点，可基于一定的权限查询参与方可信数据信息，降低了业务风险。

4. 案例评价

由巴克莱银行的案例可以看出，区块链保障商业银行业务相关参与方数据的真实性，助力商业银行可信数据分析事项的进行。同时，区块链数据共享体系有效打通传统商业银行业务数据可信流转通道，通过提高商业银行业务的准确性和效率，可以使中小企业的融资进行更加方便、快捷，从而促进实体经济健康发展。

2. 风险问题及效率问题解决方案——身份识别、智能合约

对于客户身份识别中的风险问题，区块链的身份识别技术可以引入一次性身份验证来解决。通过电子化的一次性身份验证，可以帮助银行获知客户的真实身份，从而降低风险。

对于业务流程中的效率问题，区块链的智能合约等技术可以通过创建智能协议模板，允许参与方在链上查看、修改、签署姓名和记录信息。区块链网络所有参与方均可看到该交易的所有信息，从而帮助参与方作出正确的判断。区块链点对点架构可简化业务流程，减少人工错误，从而提高业务效率。

以商业银行负债业务为例，目前存在交易风险大、效率低、不公平、传统业务受负面影响、运营成本增加等问题。基于区块链的数据具有真实可信、公开透明等特征，可有效解决存款流程中的数据风险等问题，并在此基础之上建立多主体可信协同的业务模式，从而解决负债业务痛点中的效率问题。

案例
8.6

<h3 style="text-align:center">基于区块链的资金对账平台</h3>

1. 案例介绍

北京众享比特科技有限公司基于区块链技术搭建资金对账平台，用于快速存储企业账本信息及相关数据，参与方仅需链上操作即可完成企业间对账事项。此外，区块链的智能合约等技术可更进一步地使资金交易的对账更加快捷便利，有利于提高对账的完成度和精确度。

2. 解决方案

区块链的 P2P 网络、智能合约等技术可实现业务流程的智能化处理，以简化业务流程，提升业务效率。同时，区块链的分布式数据存储、加密算法等技术可实现在保障隐私数据安全的前提下使参与方间的数据有效共享，用于构建业务协同体系。

3. 业务流程

参与方在链上操作，区块链网络智能执行每一笔相关交易的审核和检验事项以及精准的对账处理。该对账平台全流程无须人工参与，极大提升了业务效率。

4. 案例评价

区块链技术可有效降低数据出错的风险。通过区块链相应节点，各企业可将对账所需的相关数据存储在区块链网络中，实现加密数据有效共享。另外，通过多方数据验证可降低数据造假的可能性。

8.3.4　技术选型

1. FISCO BCOS 介绍

FISCO BCOS 是一个稳定、高效、安全的区块链底层平台，已经过多家机构、多种应用在实际环境运作的长期检验。FISCO BCOS 社区以开源链接多方，截至 2020 年5 月，有超 1000 家企业及机构、超万名社区团员参与共建共治，已是目前规模最大的国产开源联盟链生态圈。该底层平台的可用性已经广泛应用实践检验，上百个项目已基于 FISCO BCOS 底层平台研发，近百个应用已在实际环境中稳定运行，覆盖文化版权、司法服务、政务服务、物联网、金融、智慧社区等领域。

2. Hyperledger Fabric 介绍

Hyperledger Fabric 是一个模块化区块链框架，也是由 Linux 基金会托管的 Hyperledger 项目之一。作为使用模块化体系结构开发应用程序或解决方案的基础，Hyperledger Fabric 允许组件（如共识和成员服务）即插即用。Hyperledger Fabric 最初由数字资产和 IBM 提供。Hyperledger Fabric 是联盟链的优秀实现，其主要代码由IBM、Intel、各大银行等贡献。目前，1.1 版本的卡夫卡共识模式可以达到 1000 次 /s的吞吐量。

案例 **8.7**　　　　　　　　　　　　　**典型食品供应链**

下面通过一个食品供应链的例子解释 Hyperledger 区块链是如何改变传统供应链系统的。在传统的供应链模式中，关于实体的信息对区块链的其他人来说不是完全透明的，这会导致报告不准确和缺乏互操作性。电子邮件和打印文档提供了一些信息，但它们不能包含完整和详细的可见性数据，因为很难跟踪整个供应链中的产品，也让消费者几乎不可能知道产品的真正来源和价值。

食品行业的供应链环境复杂，许多参与者需要合作才能将货物交付给客户。图 8-4 中显示了食品供应链（多级）网络中的主要参与者。

食品 ------> 生产制造 ------> 批发商 ------> 物流 ------> 零售商 ------> 消费者

图 8-4　典型的食品供应链

区块链的每个阶段都会引入潜在的安全问题、整合问题和其他低效问题。目前，食品供应链中的主要威胁仍然是假冒伪劣食品的欺诈。

基于 Hyperledger 区块链的食品跟踪系统可以实现食品信息的全面可见性和可追溯性。更重要的是，它以不变但可行的方式记录产品细节，确保食品信息的真实性。最终用户可以通过在一个不可变的框架上共享产品的详细信息，来自我验证产品的真实性。

分布式分类账技术被设计为具有不同组件的模块化框架，也是一个灵活的解决方案，提供了一个可插拔的共识模型，尽管它目前只提供基于投票的许可共识（假设 Hyperledger 网络运行在部分可信的环境中）。

所有参与者都必须通过认证才能在区块链进行交易。像以太坊一样，Hyperledger Fabric 支持智能合同，在超分类账中称之为链码。这些契约描述并执行系统的应用逻辑。

然而，与以太坊不同，Hyperledger Fabric 不需要昂贵的挖掘计算来提交事务，因此它有助于构建一个可以在更短延迟内扩展的区块链。

Hyperledger Fabric 与以太坊或比特币等区块链不同，不仅仅是因为它们的类型不同，还因为它们的内部机制也不同。

8.4　结构化总结与评价

8.4.1　解决方案的展示逻辑

在与客户沟通时，我们把自己的思想通过可视化成果清晰有序地表达出来，并且配以有说服力又打动人的话语，给客户提供一个完美的解决方案。这需要具备完整的展示逻辑。图 8-5 所示是一个解决方案的展示模型。该模型从下至上分为需求层、能力层和表现层，这是展示解决方案时的通用逻辑，也是一个从抽象到具体的展示过程。

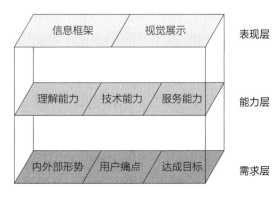

图 8-5　解决方案的展示模型

1. 需求层

当我们接到一个新的销售机会，看到客户最初提出的表象需求时，就站在了需求层的大门之下。此时，我们先别急于行动，先把下面的事情考虑清楚：客户所在的行业当下正在经历什么变化，客户内部当下正在经历什么变化，是否已被移动互联网颠覆，或是因其冲击而对整个产业生态造成了巨大的震动或影响；客户在行业内处在什么水平，其战略／想法是不是够前端，如果是，那么如此"大胆"的转型是否可以让客户获得在新时代的一席之地，如果不是，就要好好想想在机遇和挑战并存的当下，我们能够为客户做点儿什么。

有了前面的分析，你会大概明白让客户"坐不住"的原因是什么，但这还不够。解决方案是为客户创造价值并将销售机会形成订单的过程，此过程中往往会涉及多个部门的合作并有利益的牵扯，所以不要觉得这与你无关，尽可能地和销售人员搞好关系，明白这个项目有谁在支持，有谁在反对，客户内部对此项目的态度。如果需要其他部门的配合，想想能够为它们带来什么影响或者什么好处，可进行适度的"取悦"。

2. 能力层

客户选择你，一定不是他单纯觉得你行，而是你告诉他了为什么你行。人和人之间的信任是一个逐渐建立的过程，想在有限时间的演示中建立信任度，对任何一个人（公司）来说都是极具挑战性的。我们在此前的需求层已经明确了客户的需求，让客户消除了最初的担心，这只是我们迈出的一小步。在这个层面我们要从多个角度打消客户的疑虑，建立合作的基础。能力层的 3 个关键能力是理解能力、技术能力和服务能力。

3. 表现层

表现层是实现思想的过程，涉及信息框架的填充、实现和美化。之前收集和积累的材料可以用于我们最终的视觉展示。

8.4.2 解决方案的价值梳理

上节通过探讨"如何出一份产品解决方案"，以便让产品解决方案标准化，准确表达自己要做一件什么样的事情，为接下来的行动争取充足的资源。那么，这些解决方案是否给客户带来了价值？价值是什么？通过下面的五点，我们对解决方案的价值进行梳理。

1. 满足需求

首先，解决方案必须要满足客户的需求，能解决客户的问题，让客户看到成功的希望。如果销售或产品经理对客户的需求了解不够全面，随便拿一个不成熟的或者与客户需求毫无关联的方案应付客户，不仅不能令客户满意，相反还会让客户觉得我们不了解、不重视企业的需求，或者无能力为客户解决问题。如果解决方案答非所问，客户就不愿意再进行深入的沟通交流，严重的情况下可能会直接出局。

2. 理解客户

我们对客户的行业趋势、客户现状，以及客户的内部管理、业务流程了解得越多，就越容易了解客户的痛点和需求，解决方案就可以围绕客户的应用场景进行挖掘、论证，提供解决思路。反之，如果不了解客户的业务流程和改善环节，解决方案只能泛泛而谈、蜻蜓点水，自然无法得到客户的认可。

3. 体现能力

解决方案如果针对客户存在的问题，提出了合理的解决思路和技术方案，就能让客户放心，有意愿将项目推进下去。同时，产品经理的能力也能得到客户的认可，客户也更愿意与销售和产品经理进行深入探讨，并愿意让其他内部人员参与交流、论证，提供更有价值的信息。双方会共同努力，促使项目成功。

4. 证明实力

好的解决方案，尤其是成功案例的描述，能让客户了解我们公司在类似项目上的实力，打消客户的顾虑，降低实施风险，对项目的后期推进起到顺水推舟的作用。

5. 建立信任

解决方案中涉及的产品和技术方有着明确的标准和功能，而且产品经理往往能站在技术的角度与客户交流，客观中立，容易让客户相信，引发客户的好感，觉得我们能准确识别客户的需求，同时解决方案又能确保客户需求得到圆满的解决，自然会赢得客户的信任。

8.4.3　解决方案评价

区块链作为国家意志推动的技术创新与产业应用，其应用于各组织领域的解决方案如何评价？基于现有组织的一般分类，下文将从企业组织、政府组织和社会非营利组织三个角度加以分析。

1. 企业组织的解决方案评价

传统企业组织存在信息鉴证成本高、企业间信息孤岛、企业合作信任难题等痛点。以供应链金融为例，由于核心企业信用难以有效传导至上下游企业，一方面导致中小企业融资难，另一方面造成金融机构信息核验成本高、资金运用效率低下、授信任务难以完成等，进而使得企业组织效能低下。而区块链通过搭建可信数据共享网络打通企业间信用传导渠道，降低金融机构业务风险，提升金融市场资金效益，降低企业融资成本，增强实体经济可用资金规模。

区块链赋能于企业组织，其解决方案应在以下四个方面作为评价依据。

1）是否提高业务效率。区块链的智能合约、点对点架构等可减少中间环节，简化业务流程，大幅提升业务效率。以区块链电子票据为例，区块链模式下人均诊疗时长从之前的 170min 缩短至 75min，保险理赔所花时间从 15 天缩短为几分钟。

2）是否增强监管能力。区块链数据的不可篡改、公开透明等特征能极大增强企业组织间的监管能力。以区块链版权平台为例，区块链模式下实现的全天候全网实时侵权监测，将监测成本由数十元一件降低至几元一件。

3）是否降低拓展成本。区块链的标准化接口等能有效保障区块链价值网络的自繁殖机制。以区块链征信平台为例，区块链模式下任何相关参与者均可经过一定流程成为区块链网络节点，拓展征信网络规模，构建覆盖面较广的征信体系。

4）是否创造合作机制。区块链的数据可追溯等特征能促进数据成为全新的生产要素参与生产与分配过程，促进多方可信合作。以区块链信息共享平台为例，优质数据信息提供者可基于区块链网络实现线上存证确权，并通过产权获取相关收益。

2. 政府组织的解决方案评价

传统政府组织存在数据壁垒、信息孤岛、缺乏有效管理抓手、服务精细化有待提高等痛点。以政府政策落地为例，现有政策执行一般采取公告发布形式，加之政府对企业了解成本较高，难以针对企业特征个性化发布；同时，政策执行落地的流程较为烦琐，周期也较长。而区块链的智能合约、P2P 网络等能对政府组织相关需求提出解决方案，其评价标准在于是否能够有效实现政策个性化发布，是否能够简化业务规则执行流程，是否能够显著提高政策执行质量和速度，以及是否能够优化政策执行效果。

如图 8-6 所示，基于区块链的解决方案可以将政府组织由社会管理执行者角色转

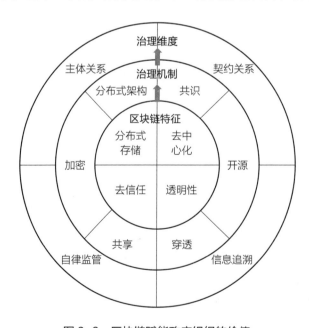

图 8-6　区块链赋能政府组织的价值

变为社会治理规则的设计者，并由机器来保证实施，不仅提升社会治理效率，同时完善社会治理效果，实现社会治理现代化，从而能够为供给侧和需求侧双侧改革提供强有力的抓手，实现经济社会的高质量发展。

3. 社会非营利组织的解决方案评价

传统的社会非营利组织存在信任问题、成本问题、多方合作共享问题等弊端，导致组织的相关资金流、物品流等信息造假现象层出不穷。区块链模式下其解决方案的评价依据为是否能够简化组织运作流程，是否能够提升业务运营效率，是否能够构建可信、协同、高效的社会非营利组织。

案例 8.8　　　　　　　　　　　　　**区块链公益**

如图 8-7 所示，将区块链产品解决方案应用于公益事业，实现了物资从捐赠人到被捐赠人全流程信息的公开透明，保障公益事业真正落到实处。

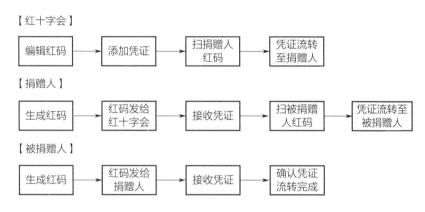

图 8-7　区块链公益

区块链赋能各组织不仅能够有效提升组织本身的效能，还能够搭建不同组织间数据共享、业务协同的网络，促进组织间业务高效开展，激发组织间合作潜力，推进社会治理体系的建设。

【小结】

本章对区块链产品解决方案的设计与评价进行了归纳。本章首先对解决方案的界定及一般构成进行了介绍，并阐述了解决方案的目标——一个好的解决方案不仅能解决一个问题，还需要为执行层面服务。随后，对制定解决方案的基本步骤与要领进行了介绍。然后，介绍一个好的解决方案应该如何归纳与梳理问题，即先进行痛点分析，再梳理业务流程和角色定位，最后建立痛点体系。通过本章的学习，可以更好地了解一个区块链产品的解决方案设计与评价的全部流程与工作重点。

【习题】

1. 阐述解决方案的界定及一般构成。
2. 制定解决方案的基本步骤包括哪些?
3. 梳理业务流程时需要注意哪些?
4. 解决方案的展示逻辑是什么?
5. 解决方案的价值体现在哪些方面?

第9章
区块链产品的设计：工程项目、企业级应用与 DAPP

【本章导读】

本章主要从产品经理的角度较为详细地阐述了产品设计的价值理念与具体操作流程。基于较为经典的产品经理训练流程展开介绍内容，其中会比较详细地阐释一般的互联网产品开发规程，同时还会穿插引入区块链技术赋能下的产品开发新理念、新形势、新思路、新视野，旨在充分帮助使用本书的读者有效结合前面章节的技术性内容，开展区块链产品的设计开发工作。

9.1 市场分析与竞品分析：找到独有的产品竞争力、定位

9.1.1 市场分析概述

应用区块链技术进行产品设计是一个系统性的工程，其出发点在于对市场的分析，即首先要明晰这个商品在未来将要面对的市场环境，从而为接下来面向市场的产品设计打下坚实基础。那么，什么是市场分析呢？

市场分析活动现如今得到了各领域技术手段的赋能，已经在向着综合性科学的角度向前发展。市场分析具体是指运用一系列的经济学、统计学、心理学等领域的技术手段，对先期通过市场调查获得的资料数据进行分析，考察市场及其销售变化。如果我们以市场营销的视角来审视市场分析这个概念，逻辑上可以视为前期市场调查和后期市场预测之间承上启下的一个部分。如果从更加窄口径的定义来看，市场分析的概念经常与市场调查研究相混，具体而言指的是以技术手段设法收集消费者的消费行为、消费动机、售后意见等有关资料数据，进行研究分析，以谋求对商品所处的市场环境进行刻画和把握。

9.1.2 市场分析报告模板

现实情形中，对于产品经理而言，市场分析活动的成果主要由三个文档——BRD（Business Requirement Document，商业需求文档）、MRD（Market Requirement Document，市场需求文档）、PRD（Product Requirement Document，产品需求文档）来体现，且它们依此顺序逐个产生。它们之间的联系与区别见表9-1。

表9-1 BRD、MRD与PRD之间的联系与区别

文档	编辑时点	面向对象	文档目的	职能	内容（部分）	工具（部分）
BRD	产品立项前	公司高层	谋求公司高层的资源支撑	阐明市场中的机会和产品的赢利模式	商业价值 成本估算 预期收益	PowerPoint Word Mind Manager
MRD	项目启动时	团队成员	论证BRD，规划产品，面向团队宣讲	考察用户需求，确定产品特征	产品介绍 竞品分析 用户调研	Mind Manager Visio Mockups
PRD	产品研发前	技术人员	用于技术人员明确具体开发要求	指标化MRD，明确产品的功能	验收标准 产品用例 性能需求	Word Mind Manager Visio Axure

以BRD为例（其他两类文档的格式类似），标准的模板至少会包括以下内容：公司名称；项目名称；BRD版本号；版本记录；项目背景；项目价值；产品规划；运营策略；

成本与收益；风险与应对。其中，具体的内容会涉及背景分析、市场分析、行业现状、初步定位、竞品分析、用户分析、精确定位、赢利模式、成本与收益、风险与应对。

9.1.3　竞品分析概述

区块链产品的设计，在基本原理的层面上大部分还是与一般的产品设计保持一致的。与市场分析相类似，竞品分析也是必不可少的环节。竞品分析是在我方产品甫一进入市场时，针对市场中商业对手产品的经营状况与策略进行调研和分析，具体来说需要对现有竞品和更多的潜在竞品的优劣势进行综合研判。区块链产品的设计中，竞品分析的作用主要体现在为产品战略的制定提供指导。必要的时候我们可以参考竞品分析中得到的竞品的市场优势，并将其整合到我方的产品设计之中，且在实务之中不断重复这个过程以构建动态的、实时监控的、可随市场情形灵活调整的产品战略。

竞品分析工作的内容则主要围绕两个主要的维度展开：一个是特征列举，另一个则是分析评估。首先，对市场中的竞品一一列举其产品特征，即罗列出供分析评估的各种指标性对象。之后，对市场中存在的竞品的相对应的指标组合进行系统性的分析评估。同时，从另一个角度而言，竞品分析的过程涵盖了三个选择，即竞品的选择、分析指标的选择和分析准则的选择。

9.2　产品功能架构的设计

9.2.1　移动端的特点

要成为一个优秀的产品经理，需要满足一系列的条件。产品经理在移动端产品的设计中，对其最基本的要求就是要努力满足用户提出的各类需求。在此基础上，还要优化用户体验，尽量保证移动端在使用过程中界面无障碍、操作流畅。与此同时，产品的设计还要能够给公司创造收益，保证项目能够赢利。

为了达到以上目标，产品经理必须组织基本的产品开发团队，至少包括一名产品经理，一名 UI（用户界面）设计人员，前端三人（Web，iOS，安卓），后端两人，另外还需要若干运营人员。这也是产品开发的最小团队配置。

移动端产品设计应当至少包括 Logo（标识）、启动页、广告页、引导页、页面页和移动端的主框架等，这些都是一个成型的移动端所必不可少的。

在启动页的设计中，最主要的就是 Logo 和 Slogan（标语）两个部分。Logo 是产品的形象标识，也是用户对于产品的第一印象，故 Logo 的设计必须简洁大方。另外，Slogan 的价值在于突出移动端的品牌定位，向用户传递情感，以引发共鸣，故对其的设计亦不可敷衍了事。

综合来讲，移动端设计需要着重注意以下几个方面：

1）梳理业务。移动端设计有必要详尽地梳理移动端需要覆盖的各类业务门类和业务架构，根据业务门类和业务架构选择合适的移动端框架结构。

2）明确需求点。结合先期进行的市场需求分析结果，权衡移动端的页面区内需要安置哪些具体的功能。

3）用户浏览顺序。移动端的交互逻辑需要依据用户浏览移动端时的操作习惯合理地加以设计，以优化用户体验。

4）参考竞品。竞品分析的一个重要意义就在于，很多情形下竞品都已经被市场检验过了。竞品对同一问题的解决方案也许不够完美，但大概率是没有出错的。

9.2.2 产品类型

对区块链产品的设计者而言，区块链赋能的新一代互联网产品与传统意义上的互联网产品存在明显的差别。基于区块链的、分布式自主运作的产品设计模式有可能取代或颠覆传统互联网产品的架构，但实际上现阶段区块链可以做到的还只是将一些互联网商业模式提升到一个全新的层次。

具体而言，我们在此以下面的商业模式为例，来说明区块链产品的设计中可以有哪些产品类型。

1. 大众生产

区块链赋能的商业模式中，大众生产的概念最早由哈佛大学法学院教授尤查·本科勒提出，具体指的是商品和服务从私营部门的边界之外被生产出来，并非由自然人或法人所持有。在区块链的应用中，各参与方可以通过群体协作组织生产活动，但生产活动产生的成果不为这个群体所拥有。类似的案例即使是在区块链产品尚未普及的今天，在传统互联网中也有所体现。

Linux 主要是受到 Minix 和 Unix 思想的启发而开发的。作为一个基于 POSIX 的多用户、多任务、支持多线程和多 CPU 的操作系统，Linux 基于社区情境和商业情境已经发行了几百种不同的版本。

通过区块链技术的赋能，参与者们通过协作组织生产，公司作为区块链管理者从中组织协调，以实现商业利益。

2. 链上知识产权认证

链上知识产权认证是基于区块链技术设计的平台产品，可以有效服务知识产权的生产者们，切实保护他们的知识产权，并协助他们从中获取应得的经济利益。它基于区块链技术具有解决双重支付问题的能力，平台实际落地后的运行效果甚至可能会超越现有的数字认证管理系统。

3. 区块链合作组织

来自区块链经济的赋能将会彻底重塑共享经济，有可能会全面革新这个业态。区块链的可信协议机制可以有效促进一个去中心化的合作者组织的运作。这将是一种由具有共同需求点的用户所组织和控制的，可以实现自主运作的链上有机体，而非现如今的以共享为名、行大规模服务聚合之实的平台产品。

9.2.3　产品的信息架构

产品的信息架构这个概念具体指的就是一个产品的信息是如何被组织起来的，简言之即信息的组织方式。一般我们会从横向与纵向两个方向来剖析这个概念。

产品的信息架构被广泛认为主要包含三个主要要素，分别为情境、内容与用户。情境这个要素包含了商业目标、资金、政治、文化、技术、资源以及限制，它以全局视角关注产品所处的特定商业或组织环境。内容这个要素则关注产品自身的文件类型、内容对象、数量、现存架构，它的关注视角则更多地聚焦于产品自身。最后一个要素用户则是聚焦到产品的受众、任务，以及用户的需求、操作习惯、体验等，它是帮助我们展开面向用户的产品开发设计的关键。

9.2.4　移动产品的用户体验

从严格意义上来讲，用户体验是一种建立在纯主观基础上的，用户在使用某项特定产品时产生的心理感受。其特性在于经由精巧的实验设计就可以测度到，其本质在于对产品的目标用户在特定情境下的思维意识和行为模式进行分析研究，然后利用分析研究的结果来指导产品设计的流程。将技术手段加在产品设计之中，可以人为地优化产品目标用户的主观体验。

优良的用户体验是产品经理和设计人员所一直追求的。在实务操作之中我们一般认为提升用户体验需要综合三个层次进行考量。

1. 感官体验

感官体验的概念是指用户群体在使用产品后会产生的各种视听上的感受。感官体验的影响因素可能涉及产品自身的色彩、声音片段、图像信息、文字信息等是如何安排与布局的。需要注意的是，用户在选择产品时往往依赖第一感觉作出主观判断，而非依赖理性思维。这就对产品经理和设计师们提出了注重产品视觉设计的要求。基于前期所作的用户需求分析以及用户画像，就可以对目标群体有一定的了解，从而在产品外观上把资源投在合适、正确的地方。

2. 交互体验

与强调设计美学的视觉体验有所不同，交互体验才是对产品用户体验好坏最具决定性的评价指标。用户使用产品时的操作习惯是可以被记录和加以分析的，基于这些分析研判的结果，对产品的交互体验随版本进行实时更新改造，才能在很长的一段时间之后打磨出极致的用户体验。用户跟产品的各类交互行为贯穿用户使用产品的全过程，产品设计师的工作就是需要通过选取合适的界面元素（文字、按钮、文本框、颜色等），让用户在完成一项操作时觉得简单、易用、顺畅。

3. 情感体验

情感体验相对于前两个层次而言，是更加高级的体验层次。因为它强调的是用户使用产品之后心理上的主观体验，以实现用户对产品能够产生心理上甚至是价值理念上的认同。它致力于让用户感受到产品的价值与温度，这也是培育产品口碑中的重要环节。好的产品设计可以促使用户通过产品实现认同，使其内在情感得以向外表露，最终可培育出很高的用户黏性。

9.2.5 交互设计的原则

交互设计活动的核心就在于，以用户需求作为其根本的出发点，以科学的技术手段去尝试理解目标用户群体的需求，发掘行业内存在的各种机会，消除横亘的各种无形制约。接下来，立足于以上的分析研判过程得到的结果，开发出形式与内容上有用、易用、令用户满意，技术上可行，且具有商业价值的产品。其核心价值理念在于设计以人为本，坚持用户体验至上。

关于交互设计的原则，下面给出六点作为参考。读者也可以参考其他资料来源的概念加以理解，其总体上的思维概念是一致的。

1. 谋求对用户心理模式的锚定

用户在与产品发生交互时，都是基于本能意识和日常习惯去操作界面。简而言之，每一个触摸、点击、滑动、拖拽的动作都匹配着与之对应的用户心理预期，即发生这个动作将触发怎样的功能。如果某一个用户的操作行为无法精准锚定用户心里的无声需求，那么这个细节上就存在改进优化的空间。

2. 契合用户的实际需求

对产品设计而言，基本的设计原则就是要契合用户的实际需求。确定需求是产品经理的基本工作内容和必备职业素养，有很多方法和工具可以帮助我们找到用户的需求，例如观察用户的各类操作习惯、分析用户的行为数据、模拟用户的使用场景等。而从产品策划角度而言，一个产品的体验可以划分为 3 个层级——能用、可用、易用。对产品设计而言，一般情形下当然是这个层级越高越好，层级越高越能为用户带来优质的使用体验。

3. 一致性原则

一致性是产品设计过程中所要求的一个基础性原则，具体是指在一个产品内部，在相同或相似的功能或场景上尽量使用相一致的设计。其意义在于降低用户对新产品的学习成本，降低用户的认知门槛和误操作发生的概率。

4. 简约而不简单

换言之，"少即是多"的原则指的是提倡简约的设计美学语言，反对过度装饰的原则。这一点在移动端的设计中越来越重要。

5. 使用用户的话语体系

产品的最终使用权在用户，用户既不是设计师也不是开发者，他们大多不懂设计理念和开发过程，所以产品使用的语言和文字要绝对靠向普通用户的思维。但不要把用户当成不聪明的人，适当地为中层用户作优化。

6. 目的导向大于美观导向原则

UI 设计得美观是非常有效的，美观的产品带来的不仅仅是给予用户视觉的冲击感，在一定程度上更是产品的升级迭代。但要注意的是，产品设计的目的性一定要大于美观性，不可因为产品的美观而放弃优化最基本的操作模式。日复一日坚持优化标准的普通操作是有意义的，切勿因小失大。

9.2.6　H5 页面概述

从广义的口径而言，H5 指的是 HTML5，即网页设计使用的第 5 代超文本标记语言。在 H5 以前的时代，网页主要通过计算机访问。但随着移动互联网的发展，互联网的访问重心逐渐从计算机转移到了移动设备，上网方式的变更，也在推动着技术的更新。从更狭义的口径而言，H5 指的是互动形式的多媒体广告页面。

现如今，狭义的 H5 主要作为市场营销的工具，常见的应用场景包括平面内容展示、交互内容展示、优惠互动界面、互动性营销短片、互动性小游戏等。从功能的角度进行分类的话，H5 大致可以分成三类：

1）品牌营销类。主要内容涉及品牌信息的发布、营销成果的总结报告、人事招聘信息页等。

2）活动推广类。主要内容涉及活动线上虚拟邀请函、植入广告投放的游戏互动、有奖问答等。

3）产品橱窗类。主要内容涉及商品故事讲述、互动小视频营销等。

9.3　原型设计与 UI

9.3.1　产品原型的概念

产品原型经常被视作产品经理输出的一种工作成果，对产品原型的掌握程度直接表征了产品经理的能力。产品经理的职责要求其不仅要认真对待产品原型，更要对自己输出的每一份文档或资料都负起责任。

产品原型的概念指的是在产品投放到市场之前，经过精细设计的产品模型。生产产品原型所用到的材料、零部件、设计方案、装配方法、开发规程等，都要求与最终产品保持完全一致。换言之，产品原型可以被视作最终产品的初始版本。

产品原型可以被视作一种产品设计方案的表达方式，是产品设计的具体展示，是产品功能与交互形式的原理模型，也是与团队内部其他人员沟通的依据。产品原型的内容原则上囊括界面布局方案、简单交互模型以及相关说明文档。

根据使用场景和保真程度的不同，产品原型可分为低保真原型、中保真原型和高保真原型。在产品开发团队内部沟通时，低保真原型的使用频率是最高的，但这也并不意味着中、高保真度的原型没有意义。

值得注意的是，产品原型不应追求复杂程度，而是应该充分结合使用对象和场景，设计出最适合的产品原型。这也是对产品经理能力的考验。同时，产品原型也是动态的，会伴随产品一起不断迭代和完善。

产品原型示例如图 9-1 所示。

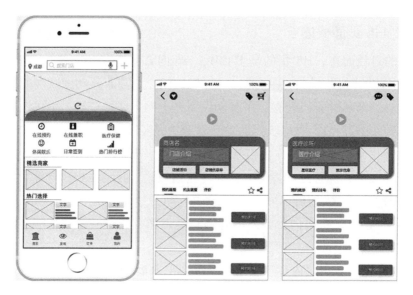

图 9-1　产品原型示例

9.3.2　原型设计工具介绍

低保真原型设计工具有纸笔原型和 Balsamiq Mockups。纸笔原型是指使用纸和笔绘制产品原型，是产品经理的必修课程。无论其介质是纸还是软件，并不存在本质上的不同。纸笔原型的好处在于较为直接、随意，适合于灵活捕捉那些灵感乍现的瞬间；而用软件绘制则会显得清晰规范，适合已经胸有成竹的情形。纸笔原型一般被视为低保真原型设计工具。

Balsamiq Mockups 是产品设计师用以绘制线框图或产品原型界面的强大软件。在产品设计的需求阶段，对产品原型的保真度实际上并没有非常高的要求。Balsamiq

Mockups 可以实现的低保真线框图或者草图设计介于产品流程设计与高保真 DEMO 设计之间。在产品设计的管理中，我们通常会选择在产品的业务流程和数据流转已经相当明确后才会开始进一步考虑产品的结构层和框架层，虽然此时纸、笔、白板都是非常简单方便的交流工具，但是它们的最大劣势就是没有保存功能。Balsamiq Mockups 的出现则完美地解决了这个问题。

中保真原型设计工具有 Axure RP 和 Mockplus。

高保真原型设计工具有 JustinMind 和 Adobe XD。

JustinMind 是由西班牙 JustinMind 公司出品的原型制作工具，可以输出 HTML 页面。与目前主流的交互设计工具 Axure、Balsamiq Mockups 等相比，JustinMind 更为专注于设计移动终端上的应用。

Adobe XD 是一站式 UX/UI 设计平台，用户可以使用它进行移动应用和网页设计与原型制作。同时，它也是一款结合设计与建立原型功能，并同时提供工业级性能的跨平台设计产品。设计师使用 Adobe XD 可以高效准确地完成静态编译或者框架图到交互原型的转换。

9.3.3　产品原型设计的流程

设计产品原型有着一套完整的流程，这不但可以显著提升产品原型设计的合理性，保证整个原型设计的前后保真度是一致的，还可以降低原型设计所需要的时间成本。我们应着眼于整体的产品研发流程，明确产品需求部分要紧接在需求分析部分之后。而此时产品需求的表达可以有产品原型和产品文档两种形式，并且从表达效果的角度来看，产品原型要明显好于产品文档。

对产品经理而言，制作产品原型不应该是某种负担，而是在打造应用于团队内部的沟通工具。沟通成本作为隐性成本，其规模往往是无法估量的，寻求降低沟通成本的方法是产品整个研发周期内都要坚持进行的工作。用户需求是产品原型设计的源头，唯有把握住这个源头，后期的设计工作才会更加通畅。这就是进行产品原型设计的意义所在。

9.3.4　UI 设计的要点

UI 设计主要分为视觉设计、交互设计、用户体验三个主要门类。简而言之，UI 设计就是指产品设计人员进行网页设计、界面美化等综合设计行为，致力于带给用户更加舒适的用户体验。尤其是在产品移动端的设计中体现得更为突出。其中，视觉 UI 设计主要专注于产品的美术风格，例如美化图标及元素的尺寸和风格，确保产品的功能辨识性和控件统一，在美观性上进行综合设计考量等。

下面我们将罗列产品经理和设计人员在进行 UI 设计时需要考虑的一些要点。

1）时刻谨记清晰界面的重要性。保证界面的清晰是 UI 设计的第一要诀。用户欣赏一种 UI 设计的前提，就在于在这样的 UI 设计下用户可以顺利舒适地使用这种产品。产品的 UI 设计应做到让用户在使用时就可以预知会发生什么，以方便地参与产品交互。这就要求界面省略冗杂的操作提示，使用户很容易就明白通过怎样的一步或几步操作，能顺利找到解决他们需求的功能所在的位置。

2）UI 设计可以全程抓住用户的注意力。设计的界面能够保证时刻吸引用户的注意力是非常关键的。干净简洁的界面可以使用户产生沉浸式的用户体验。切忌将界面的周围摆放得乱七八糟，令用户失去关注焦点。

3）保证用户享有对界面的完整控制权。人对自己完全掌握的事物才会产生足够的安全感，所以 UI 设计需要注意不要剥夺用户对操作界面的掌控，没有安全感的用户是不会产生舒适感的。

4）保证用户可以直接操作。在设计界面时谨记奥卡姆剃刀原则，即"如无必要，勿增实体"。界面中各种图标的作用是给予用户快速引导，应省略那些无用的装饰。

5）单屏单主题原则。在 UI 设计时必须保证单一画面对应单一主题。这样处理的效果是，不仅能够让用户明晰每一个画面的价值所在，也使得整个产品易于上手。

6）保证界面过渡自然。

7）所有功能做到表里如一。

8）区别对待与一致性原则。屏幕中功能不同的各种元素必须要有不同的外观设计。反之，功能相近或一致的元素，外观也要做到相似甚至相同。

9）保证用户的视觉层次感强烈。

10）合理地进行 UI 组织有助于降低用户的认知难度。

11）不要拘泥于选择什么颜色。

12）渐进式地展示产品的内容。每个界面只显示必要的内容，保证用户在做出选择前就获得足够的信息，避免在某个界面将所有的细节和盘托出。元素排版应当做到整齐且统一，各项功能清晰明了。

13）空状态的界面会严重挫伤用户体验。

14）优秀的设计总在不经意之间体现出来。

15）UI 设计应始终坚持面向用户体验。

9.3.5 UI 设计的过程

实务中，UI 设计师接手项目后或者了解需求后的工作步骤并不是一套死板的固定流程，都需要结合自身、项目和公司的实际情况来确定。

但是，UI 设计师做项目的大致流程一般都会囊括以下几点。

1. 分析需求

UI 设计师接手的项目和需求，正常情况下的形式是交互设计师细化过后的交互文档，该交互文档中还会以交互原型作为附件。UI 设计师的工作需要充分理解这份交互文档，厘清里面的产品交互逻辑，明晰具体的操作方式、流程、反馈等。

当然，实际情况是很多项目团队中并没有专职的交互设计师，此时 UI 设计师就需要兼任其他岗位的部分工作，直接上手制作高保真原型，同时兼顾细化设计稿的工作。这就需要 UI 设计师能够站在用户角度思考需求，并协助产品经理一起梳理分析，这对其能力提出了更高的要求。

2. 设法合并情绪版与风格参考

这一步需要 UI 设计师先定义出情绪版，设法从颜色、文字、图片、素材等多个维度去切入，并推导出一整套设计思路。在这个阶段绘制两至三个视觉设计风格界面是很有必要的，然后再与团队中其他成员商讨敲定最终的风格走向，最终在大家的共同努力下打磨出自身产品的品牌调性和设计风格。

3. 界面设计环节

敲定设计风格之后就需要进行具体的界面设计工作。现阶段常用的设计工具一般包括 Sketch、XD、Figma。做完设计稿之后还需要结合项目和公司的调性进行优化。

以产品为导向的项目一般会直接进入开发阶段，这种情形最为简单。若是以甲方或者领导为导向，则还需要提供给甲方高保真原型和可操作可交互的链接进行确认，这种情形的不确定性就会比较大。

4. 前端对接

设计稿定稿之后，流程就会进入 UI 设计师与前端频繁交涉的阶段，UI 设计师此时就需要提供切图、标注、设计说明文档以及设计图给到前端工程师。使用开发对接工具会大大降低这一阶段的沟通成本。

5. 测试与反馈

当产品进入到测试阶段时，团队中的测试人员就会开始下场工作。测试步骤一般是先进行部门内小范围的可用性测试，然后扩大至全公司范围的可用性测试。这个环节需要将产品反复测试数轮之后确保没有很大的 Bug（漏洞），才可以发包给客户进行测试或者上线。这个阶段 UI 设计师的工作就是要及时收集每轮测试中的反馈意见，并参与到产品改进方案的讨论会中去。如果反馈表现不错，则需要继续去分析界面设计存在哪些优缺点，并研究出后续迭代时的工作重心。

9.4　产品需求文档

9.4.1　需求概述

一个产品的需求范围确定之后，产品经理就需要进行需求调研、竞品分析、流程设计、需求原型等工作。这部分工作的输出结果就是产品需求文档中的需求概述部分。

需求调研的工作方法一般是通过邮件、电话、面对面的方式沟通讨论需求内容、背景、目的及流程设计等。实际情形中，需求准入时的评估在方向上会更偏向于业务模式和产品价值，需求规划时的评估在方向上会更偏向于业务流程、产品逻辑和用户体验等。

一般意义上的流程设计指的是设计产品的各项功能，以及用户操作业务的主流程、异常流程等。另外，制作需求原型也是产品经理的重要工作内容之一。制作需求原型的常用的工具为 Axure。需求原型的主要形式一般会分为两种，一种是高保真带交互效果的原型，另一种则是中低保真的平面线框图及交互说明。

需求概述部分不拘泥于具体的格式、具体的工具。但一般来说，相对比较完整的需求概述部分应该包括有关需求文档的说明、需求范围、信息架构图、业务流程图、交互原型及说明等内容。

9.4.2 产品规划

产品规划是产品经理比较重要的一项工作内容，一般会包括以下步骤。

1. 明确产品规划的目的导向

产品规划的目的导向会直接影响规划结构和要突出的重点。产品规划的侧重点在面对不同的汇报人群，以及在不同的产品阶段、工作环节时都是不一样的。

2. 编列产品规划的提纲

产品规划的目的导向明确完毕，就需要编列产品规划的提纲，以便上手的时候厘清思维逻辑。以处在成长期的产品为例，产品经理一般会突出行业分析和产品规划的内容，主要包括以下内容：数据归档和分析；行业趋势报告；竞品分析报告；产品定位说明；产品规划阐释；产品路线图；目标。

3. 填充内容，充实提纲

首先，可以将项目的关键数据指标用图表进行可视化，关键数据指标包括流量、转化率、黏性、营收等。其次，做出行业趋势简报，并对市场中出现的全新竞品进行分析。这一部分则要考验产品经理平时的积累和功夫。再次，详细阐述产品定位，明确指出产品的大方向。此举在以后的工作中将会起到引导性质的作用。另外，产品定位也应该结合行业趋势简报、产品自身条件、用户需求等因素来考虑。

4. 制定较为详尽的产品规划

针对提出的多个关键点逐一进行阐述，大致列出期望达到的目标、产品问题和现状、解决方案等内容。

9.4.3 功能规划

功能规划的作用在于厘清产品会有哪些功能点，分别在产品的哪个阶段 / 版本来实现。所以对产品经理而言，功能规划的工作通常要有产品框架图与版本计划两个输出结果。产品框架图一般会以脑图的方式来呈现，版本计划则通常在 Excel 中加以注明。

产品架构图用来系统性表述产品的设计机制。产品架构图的原理在于将可视化的具象产品功能，抽象成为层次分明的架构关系，用以传递产品的业务流程、商业模式和设计思路等重要信息。由于产品架构图通常多见于复杂的产品项目，其已成为设计复杂产品时所不可或缺的文档之一。

9.4.4 用户范围

用户范围的确定一般需要依靠用户画像等技术手段。下面即以用户画像为例阐释如何进行用户范围的有效识别。

用户画像是指通过收集用户的社会行为、消费习惯、偏好分布等各个维度上的历史数据，进而实现对用户或产品特征属性的科学刻画，并对这些特征信息进行系统性的、基于统计学等科学原理的分析和研究，挖掘出其中所潜藏的价值信息，从而能够抽象出用户群体的信息全貌，进而确定出下一个产品版本应该面对哪些范围内的用户开展营销策略。

一个可以提供真实有效的用户信息，为产品开发提供指导的用户画像一般要包含下面七个要素：

1）基本性。指用户画像是否基于对真实存在的用户行为进行研判得出。

2）同理性。指用户画像能否彰显用户的同理心。

3）真实性。指用户画像的人物是否能给人带来真实感。

4）独特性。指用户画像涵盖的每个用户是否足够独特。

5）目标性。指用户画像涵盖的用户中是否囊括特定的目标。

6）数量性。指用户画像抽象出来的人物形象数量是否足够少、足够凝练。

7）应用性。指用户画像能否作为一种实用工具用于设计决策。

9.4.5 非功能性需求

产品的需求可以进一步细分为功能性需求与非功能性需求，其中非功能性需求则常常被忽视。实际上，产品的非功能性需求不仅对产品的质量起到决定性的作用，还会严重影响到产品的功能性需求。

非功能性需求是指产品为了满足用户业务需求而必须具备的除功能性需求以外的一些特征性需求，例如以下的几种情形：

1）功能性。功能性是指与某组功能和指定的某种性质有关的某组属性，这些功能包括明确或者隐含的需求导向性功能。功能性具体包括适合性、准确性、互操作性、依从性、安全性等。

2）可靠性。可靠性具体是指在规定的时间和条件下产品维持其性能水平的能力，具体包括成熟性、容错性、易恢复性等。

3）易用性。易用性具体是指规定或者潜在用户为使用其软件所需付出的额外学习成本，具体包括易理解性、易学习性、易操作性等。

4）效率。效率主要涵盖时间特性、资源特性等，其概念类似于"性能需求"。

5）维护性。维护性具体包括易改变性、稳定性、易测试性等。

6）可移植性。可移植性具体包括适应性、易安装性、遵循性、可替换性等。

【小结】

本章主要从产品经理的角度较为详细地阐述了产品设计的价值理念与具体操作流程。产品经理首先需要进行市场分析与竞品分析，深度挖掘用户的需求与潜在需求，之后组建产品开发团队。在产品开发阶段，需要首先设计产品原型，设计过程中既要捕捉一丝一毫的设计灵感，也要注重与团队成员充分地进行沟通与交换意见。对产品经理而言，一方面，所设计的产品要坚持以解决用户需求为导向，以优化用户体验为目标；另一方面，产品经理负责的各类原型和文档都要清晰明了地阐明要求，并且还要协调好开发人员、设计人员、领导之间的工作关系。这意味着作为一名产品经理，不仅仅要具备过硬的专业知识和良好的产品素养，更要在处理人际关系、建立沟通渠道、缓解分歧凝聚共识等方面八面玲珑、有所作为。

【习题】

1. 高保真原型设计工具包括（   ）。

A. 纸笔原型

B. Balsamiq Mockups

C. Axure RP

D. JustinMind

2. 请简述三大文档之间的联系与区别。

3. 请简述产品原型的设计过程。

第 10 章
产品开发与运维：打造具备竞争力的产品

【本章导读】

一个好的区块链产品，其设计往往具有稳定性、扩展性、安全性等特点。快速增长的信息业务规模加大了运维与开发管理的难度，对行业和企业提出了更高的要求，以应对系统运行过程中可能出现的大量不可预知的异常情况。本章详细讲解了区块链产品的开发规划流程及涉及的组织，还讲解了如何进行区块链产品的测试与运维，通过学习本章内容可以使读者掌握区块链产品的开发与运维全流程。

10.1　产品开发规划

产品开发规划是指有目标、有规划、有阶段地研发新产品的计划。对一个公司来说，开发一个区块链平台既是一项战略决策，同时也是企业在管理上的重大决策，它在一定程度上明确了企业的未来方向。

具体来说，区块链平台的开发规划流程主要包括五个步骤：识别市场机会、项目评价和优先级、资源分配和时间安排、完成项目前期规划、对过程和成果进行总结和回顾。

1. 识别市场机会

要想识别市场机会，我们首先需要了解与目前计划研发的区块链平台相关的行业情况与准则、市场的未来发展，以及产品与区块链技术结合的未来发展。之后，我们需要对现状进行调查（也就是了解目前的市场情况），通过对现状进行分析可以帮助我们完善后续区块链平台的定位和差异化。计划的实施一定要结合实际。要注意，现状分析不止需要分析我们自身的情况，还需要分析现有的 R&D（研究与开发）区块链平台，以及有没有其他相关区块链平台可以借鉴，目前成效最多的团队人员等。

我们一般很难理解市场，因为市场是不断变化的，所以要在适合的时间推出适合的区块链平台。区块链平台本身依赖于外部环境、区块链平台基础设施的发展等。如果在不了解市场的情况下设计出一款区块链平台，太超前顾客不愿购买，但跟着别人的区块链平台走也是没有出路的。因此，识别市场是必须面对的课题，也是区块链平台开发规划不可避免的难点。就像我们每一个人，不清楚自己，就谈不上定位自己、规划自己，同样的，对市场了解不清楚，就谈不上市场细分、区块链平台定位和差异化。

2. 项目评价和优先级

当我们对区块链平台进行项目评价时，必须更深入地细化客户的要求。我们需要站到客户的角度，分析客户有什么用户和用户群体，以及他们有什么区别。在需求方面，我们需要了解的是客户的需求和功能的需求是什么，有没有不同的优先级。

从 4P 到 4C 的营销转变中，企业与消费者的角色已经在逐渐发生变化，在以用户需求为导向的市场环境中，把握好用户需求才是硬道理，同时要不断地调整策略，才能更好地提升营销的效果。区块链平台必须完成客户价值，客户价值就是区块链平台价值的体现。等市场和客户确定了，下一步就是匹配了。我们的能力必须与需求相匹配，以满足需求。我们必须清楚地认识到我们现有的优势和劣势，以及我们面临的竞争，即进行 SWOT 分析。

SWOT 分析是我们首选的分析工具，通过 SWOT 分析可以明确其差异化核心价值表现在什么方面，可以淘汰过时的、无效的内容，增加新的技术和创新。SWOT 分析看起来不难，但是一般很难分析透彻，因为很多时候我们作出的分析是主观的，并没有可靠的数据支撑。

3. 资源分配和时间安排

资源分配和实践分配是区块链平台开发规划和商业模式的进一步实施。资源分配必须回答的问题是投入多少资本，需要多少成本，后续的产生利润模式是什么，需要多久才能开始产生利润，是否有进一步的可持续产生利润模式，需要考虑哪些增值点。

资源的投入应该是分阶段的，区块链平台应该在迭代版本中逐步淘汰。一个区块链平台开发周期越长，投入的成本越高，企业自身的现金流就会承担更多的压力。我们作区块链平台开发规划，唯一的目标就是在合法的前提下收获更多的利润。投入相应的资源来获得回报，这一方面是对员工和股东的回报，另一方面是为了企业的长期可持续生存发展。

区块链平台财务规划首先要分析的是投资回收期和区块链平台内部收益率，然后再对区块链平台投入进行初步的预算以及更详细的预算。如果预算跟进执行，那么可以根据预算情况进一步计算投入和利润。区块链平台要投放市场，必须考量区块链平台的定价策略，其涉及的因素有市场自身的发展程度、客户群的积累和区块链平台的未来发展，并通过分析这些因素来不断改进和优化定价策略。

有了适合的区块链平台的市场分析和平台定位，接下来需要考虑的就是该平台的开发愿景（即平台愿景）是什么。平台愿景是对公司产品核心价值的更深入的解释，它告诉我们我们期望设计出一款怎样的区块链平台，未来的发展路线应该如何，哪些关键性的问题是需要我们去探讨并实现的。这些问题体现了我们的核心价值观。我们可以给平台愿景设置一个期限，且该期限应站在较远的视角来看，如 3 年以上或更长。虽然不确定因素太多，但还是要有清晰的视野，就像老师培养学生，家长培养小孩一样，必须有一个大致的方向和视野。

区块链平台的开发愿景和大方向明确后，下一步就是阶段性规划，或者说时间规划。时间规划可以让我们对未来平台的发展有更清晰的认知，这是对区块链平台开发规划内容最粗糙的考量。有了时间规划，我们的开发路线就更清晰了。要达到最终目标，就要一个个去实现各个小目标。

4. 完成项目前期规划

接下来就是完成区块链平台前期规划，这个规划往往指的是区块链平台的年度规划，最后按照区块链平台开发的安排和计划实施操作。项目前期规划需要涵盖的内容应该是全面的，包括区块链平台最初的范围和需求收集，对需求进行分析后对各项工作进行优先级评估，研发成本的投入及利润分析，平台给客户提供了哪些实际功能，工作计划的时间安排。如果需要研发多个子区块链平台，还要涉及组合平台的时间安排，之后再对子区块链平台的研发计划进行分析。

5. 对过程和结果进行总结和回顾

完成最初的区块链平台安排和计划后，也还没有完成产品开发规划工作。我们还需要根据区块链平台的安排和规划以及资源配置，制订本季度和下季度的详细项目计划，并在区块链平台实施前作好各种准备，如区块链平台环境、区块链平台预算等。在需求阶段和优先化阶段会有流程迭代。当在资源配置过程中发现资源与安排和计划的区块链平台组合不匹配时，需要重新评估计划项目的优先顺序，重新选择安排和计划的项目。根据开发团队、营销、服务部门和竞争环境的最新变化，区块链平台长期规划的节奏是每季度迭代更新。

当意识到一个区块链平台的任务不可行或存在非常重要的问题时，要及时调整已安排和计划的区块链平台。这里的主要问题可能意味着区块链平台的计划实施周期超过了市场需求周期，区块链平台存在着很大的质量风险，区块链平台的成本发生了很大的变化。

10.2　产品开发流程与组织

10.2.1　产品开发流程

1. 阶段 0：计划

规划一般会被当作阶段 0，因为它早于项目的达成和启动实际区块链平台开发的过程。这一阶段早于公司策略的制定，并包括对技术开发和市场目标的评估。安排和计划阶段的成果是对区块链平台目标和任务的描述，并指出区块链平台的目标市场、商业目标、关键假设和限制条件。

2. 阶段 1：概念开发

概念开发阶段的关键目标是识别目标市场的需求，产生和评估替代的区块链平台概念，并选择一个概念以完成进一步开发。该概念指的是对区块链平台的形状、功能和特征进行相关定义（通常伴随专业术语的结合），对目前市场上相关的有竞争的其他产品进行剖析，同时对企业所处的经济环境、政策背景，以及企业自身的发展现状作综合分析。

3. 阶段 2：总体设计

设计阶段的目标主要是分析和设计要开发的区块链平台架构，并为区块链平台架构建立基线，为后续的实施工作提供坚实的基础。

设计阶段需要对区块链平台的架构进行设计。设计出一个良好的区块链平台可以帮助客户理清企业自身的业务逻辑，并使我们可以更好地理解客户的基本要求。例如建造房屋时，必须有建筑图纸，通过分析建筑图纸，才可以知道施工需要多少时间，有哪些周期。

总体设计是整个区块链平台的框架设计，非常重要，正常情况下不能省略（只有维护区块链平台可以省略总体设计，因为在基准区块链平台已经设计好了）。所有区块链平台开发项目都需要先完成总体设计，这是设计的第一步。绝对不允许本末倒置，不能出现先编码后设计的情况。这是软件开发的第二大痛点（第一大痛点是需求不明确，需要任意变更）。

总体设计分为三个阶段。

第一阶段：粗略设计。将数据流图进行分析并完成细化，最后在审查合格的基础上，将其转换为初始的模块结构图。

第二阶段：细分设计。需要根据"高内聚、低耦合"的准则，细化初始模块结构图，设计出全局数据的结构及各模块的接口。

第三阶段：设计审查阶段。回顾在前两个阶段中获得的高级软件结构，如果需要，对软件结构做一些细化工作。

4. 阶段 3：概要设计

概要设计的目标是描绘区块链平台各模块的内部设计，它是总体设计和详细设计之间的纽带。

根据结构化设计方法完成概要设计。结构化设计方法的大致思路是根据问题域逐步细化平台，将之分解成不需要分解的模块。每个模块完成某些功能，服务于一个或多个父模块（即接受呼叫），并接受一个或多个子模块的服务（即调用子模块）。模块的概念对应于编程语言中的子程序或函数。

概要设计阶段把软件按照一定的准则分解到模块层次，赋予每个模块一定的任务，并确定模块间的调用关系和接口。

在这一阶段，设计者通常会考虑并关注模块的内部完成情况，但不会停留在这一点上，它主要集中在划分模块、分配任务和定义调用关系上。在这一阶段，模块之间的接口和引用应该做得非常详细和清晰，并编写严格的数据字典，以避免后续设计中的不理解或误解。大纲设计一般不能一次完成，结构调整可以反复进行。典型的调整是指合并功能重复的模块，或者进一步分解可以重用的模块。在概要设计阶段，要最大限度地提取可复用模块，建立合理的结构体系，节省后续环节的工作量。

概要设计文档最重要的部分是分层数据流图、结构图、数据字典和相应的文本描绘。基于概要设计文档，可以同步进行每个模块的详细设计。

5. 阶段 4: 详细设计

详细设计阶段是根据概要设计阶段分解得到的各模块中的算法和流程，完成对各模块所要完成功能的具体描绘，将功能描绘转化为准确、结构化的流程描述。

在详细设计阶段，每个模块可以分配给不同的人进行同步设计。设计师的工作对象是一个模块，根据概要设计给出的本地任务和外部接口，设计并表述出模块的算法、流程和状态转换。这里需要注意的是，如果发现有必要调整结构（比如分解子模块等），需要回到大纲设计阶段，调整要体现在大纲设计文件中，不能不留下任何记录直接进行修改。详细设计文档最重要的部分是模块流程图、状态图、局部变量和对应的文字描绘等。模块都应有详细的设计文档。

6. 阶段 5: 编写代码

编写代码可以遵循以下准则：

1）先作核心模块压力测试。很多开发人员习惯于把事情做完，等快上线的时候再作性能测试。如果之前的设计有问题，这时再修改就会产生很大的工作量，同时给客户一种"不靠谱"的感觉。当然，后期上线要作性能测试，但前期的压力测试还是非常需要的。要做好这一点的前提是，你需要了解一些业务，你需要知道业务压力在哪里，业务请求的焦点在哪里。在很多情况下，区块链平台经理不会谈论它，所以你需要问清楚。

2）保证流程可控。在执行代码时保留中间输出，比如每处理 10 万个日志就写一个状态日志，记录处理的日志条目数和执行时间。

3）更多的日志记录。很多情况下，当开发人员对代码编写不满意时，例如某处处理效率没有优化，某个处理方法不简洁，程序扩展性差，代码编写不够高级等，但是可能没有办法在短时间内想清楚最合理的解决方案。考虑到这不是上线初期的重点，可以不特意优化。不过这种情况下，要求开发人员要留下日志记录，说明下一步可能优化的思路是什么，或者什么是可行的。

7. 阶段 6: 代码审核

代码审核非常重要。一般来说，代码审核可以每周进行一次。代码审核可以帮助开发人员跟踪区块链平台的进展。我们可以通过代码审核及时看到开发人员的工作内容和开发程度，更早地发现技术人员有没有错误理解客户的需求设计出不符合要求的功能。

8. 阶段 7: 测试和平台发布

区块链平台测试主要分为单元测试、集成测试和区块链平台测试。这将在后面的章节中详细讨论。

区块链平台发布是区块链平台测试后的最后步骤。在区块链平台的开发过程中，通常不需要区块链平台的试制环节，可以直接上线，只要区块链平台测试人员输出区块链平台测试报告并批准区块链平台的发布即可。

在区块链平台发布之前，有必要以区块链平台发布简报的形式回顾区块链平台的整个开发过程，指出整个过程中的不足，总结经验，为下一个区块链平台的开发提供案例。这可以以正式会议的形式进行，需要区块链平台经理、主开发者、测试人员、上级领导等参加。在此会议中，应尽可能明确该区块链平台发布后的效果、效益，并为发布后的价值评估作好准备。这一环节必不可少，即便在区块链平台迭代速度很快的情况下，这一环节也十分必要。

10.2.2　产品开发组织

1. 通过建立个人之间的联系形成组织

区块链平台开发组织是将个体设计师和开发人员链接成团队的系统。个人之间的关系可以是正式的，也可以是非正式的，包括以下类型：

1）汇报关系。汇报关系产生传统的上下级关系，这是组织结构图上最常见的正式联系。

2）财务联系。个人通过成为同一财务共同体的一部分而联系在一起，如一个业务单位或公司的一个部门。

3）布局联系。人与人之间是有联系的，因为他们在办公室共享的建筑或场所工作。这种联系来源于每天的工作交集，一般都是非正式的。

任何特定的个体都可以以几种不同的方式与其他个体相关联，例如一个工程师可能通过汇报关系和另一栋楼的另一个工程师联系，同时通过物理布局和坐在隔壁办公室的营销人员联系。最强的组织关系通常是那些涉及绩效评估、预算和其他资源分配的关系。

2. 依据职能和区块链平台之间的联系形成组织

不考虑组织之间的关联，每个个体可以通过两种不同的形式形成组织——根据他们的职能和根据他们工作的区块链平台项目。

职能（在组织术语中）指的是一系列职责，通常涉及专业教育、培训或经验。在区块链平台的开发机构中，传统的功能是营销、设计和制造，更详细的划分包括市场调研、市场策略、压力分析、工业设计、人因工程、过程开发和操作管理。

无论其职能如何，每个人都将把自己的专业知识应用于特定的区块链平台。在区块链平台的开发中，区块链平台项目是一个具体的区块链平台开发过程中的一系列活动，例如识别客户需求、生成区块链平台的概念等。

请注意，这两个类别肯定会有重叠的部分：来自不同职能部门的人员将在同一个区块链平台项目中工作。另外，虽然大部分人只和一个职能相关，但是可以为几个项目工作。根据职能或区块链平台之间的组织联系，形成两种传统的组织结构：在一个职能组织中，组织中的联系主要来自履行类似职能的人；在项目组织中，组织联系主要发生在同一区块链平台的员工之间。

矩阵组织结构是职能组织和项目组织的混合体。在矩阵组织中，每个人都根据区块链平台和职能联系在一起。一般每个人都有两个上级，一个是区块链平台经理，一个是职能经理。事实上，在矩阵组织中，区块链平台经理和职能经理之间的关系更为密切，因为职能经理和区块链平台经理都没有独立预算的权力，也不能独立评估和决定下属的薪酬。职能组织和区块链平台组织在形式上也不容易结合。因此，职能经理和区块链平台经理都倾向于试图占据主导地位。

矩阵组织有两种形式："重量级"矩阵组织和"轻量级"矩阵组织。在"重量级"矩阵组织中，区块链平台经理更有权力，他拥有完的预算权，可以对成员的表现进行评估，并可对资源分配进行决定和安排。虽然区块链平台参与者也属于自己的职能组织，但职能经理的权力和控制会轻一些。在不同的行业中，"重量级"区块链平台团队可以被称为集成产品开发团队（IPT）、设计构建团队（DBT）或产品开发团队（PDT）。这些术语强调团队的跨职能特征。

"轻量级"矩阵组织包含弱区块链平台连接和相对强的功能连接。在这种组织结构中，项目经理是管理者，同时也是协调者。话语权较弱的区块链平台经理负责更新进度、安排会议和协调各项工作，但他在区块链平台组织中没有实际掌控权和管理权。职能经理需要负责预算、招聘和解雇以及绩效评估。

在本书中，我们把区块链平台团队视为主要的组织单位。在这种情况下，团队即参与该区块链平台的所有人，不考虑区块链平台开发成员的组织结构。在职能组织中，团队包含了来自所有职能小组的人，这些成员在同一个区块链平台工作，和其他小组没有任何联系。在其他组织中，团队对应一个正式的组织实体——区块链平台小组，并设置正式任命的经理。所以，团队概念更注重矩阵组织和项目组织，而不注重职能组织。各种区块链平台开发组织的结构如图10-1所示。

3. 选择组织结构

组织结构的选择取决于对成功影响最大的组织绩效因素。职能组织有利于职能领域的专业发展和培养知识渊博的专家。项目组织有利于与不同小组不同职能的成员建立联系，以实现快速有效的协调管理。矩阵组织作为一种混合体，可以体现职能组织和项目组织的特征。以下问题有助于指导组织结构的选择：

1）跨职能整合有多重要？职能组织可能很难跨职能领域协调区块链平台决策。若跨职能团队成员之间需要经常组织联系，则基于项目的组织可使强大的跨职能集成得以完成。

2）尖端职能专业知识对业务成功有多重要？当必须在几代区块链平台中开发和保留主题专业知识时，一些职能连接是必要的。例如在一些航天企业中，计算流体力

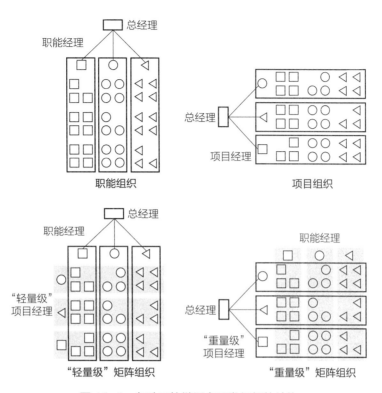

图 10-1　各种区块链平台开发组织的结构

学是非常关键的，所以流体力学的负责人是以职能性的方式来组织的，以保证企业在这个领域有最好的能力。

3）在区块链平台设计的各个周期里，每个职能的人都能充分发挥作用吗？例如，在区块链平台周期的某一小部分中，可能只需要 UI 设计师的一部分时间，为了有效利用 UI 设计资源，企业可以通过职能化的方式组织 UI 设计师，使其他的区块链平台能够合理利用 UI 设计资源。

4）区块链平台的发展速度有多重要？基于项目的组织可以快速解决冲突，使不同职能部门的人高效和谐地工作。基于项目的组织可以花费相对较少的时间来传递信息、分配责任和协调任务。因此，在开发创新的区块链平台方面，基于项目的组织通常比职能组织更快。例如，消费电子区块链平台制造商几乎总是根据项目组织区块链平台开发团队，这使团队能够跟上电子区块链平台市场所需的快速步伐，并在很短的时间内开发新的区块链平台。

在职能组织和项目组织之间进行选择还有很多其他问题。表 10-1 总结了每种组织类型的优势和劣势、选择每种组织的典型例子，以及与每种组织相关的主要问题。

表 10-1　不同组织结构的特点

	职能组织	矩阵组织		项目组织
		"轻量级"项目组织	"重量级"项目组织	
优势	促进深度专业化和专业知识的发展	项目的合作与管理清晰地指派给一个项目经理，保持专业化和专长的发展	提供项目组织的整合和速度效益，保留了职能组织的部分专业化	可在项目团队范围内优化分配资源，可迅速评估技术与权衡市场
劣势	不同职能小组间的合作缓慢且烦琐	比非矩阵组织需要更多的经理和管理者	比非矩阵组织需要更多的经理和管理者	个人在保持尖端的专业能力方面会存在困难
典型例子	定制化产品，其开发涉及标准的细微变化	传统的汽车、电子产品和航天企业	汽车、电子产品，航天企业中的新技术或平台产品	创业企业，期望获得突破的"老虎团队"和"黄鼠狼团队"，在有活力的市场中竞争的企业
主要问题	如何将不同的职能（如市场营销与设计）整合到一起，以达成共同目标	如何平衡职能与项目，如何同时评估项目与职能的绩效		如何随着时间的推移保持职能的专业化，如何在项目间分享经验教训

4. 分散的区块链平台开发团队

组织区块链平台开发团队的一个有效方法是安排团队成员在同一个地方工作。然而，现代通信技术和电子开发过程的使用甚至使得成员分散的全球区块链平台开发团队能够有效工作。允许分散在不同地点的成员组成区块链平台开发团队的原因包括：

1）获取区域市场相关信息。

2）技术专家分散。

3）制造设备和供应商分散。

4）通过低工资可以节省成本。

5）通过外包可以提高区块链平台的开发能力。

虽然选择合适的团队成员远比将他们集中在一个地方更重要，但由于团队成员之间的联系薄弱，实施全球区块链平台开发的公司也面临许多挑战。这将导致设计迭代次数的增加和协调区块链平台的困难，特别是当新团队成立时。幸运的是，在全球区块链平台团队中拥有多年经验的组织报告称，随着时间的推移，分散的区块链平台开发工作会更加顺利。

10.3　测试与运维

10.3.1　测试的三个阶段

测试主要分为三个阶段，即单元测试、集成测试和区块链平台测试。

要理解单元测试，首先要理解什么是单元。所谓单元，是指代码调用的最小单元，实际上是指一个函数或方法。因此，单元测试是指对这些代码调用单元的测试。

单元测试是一种白盒测试，该测试要求我们必须对单元的代码细节有清晰的认知。因此，单元测试的编译和执行一般由软件开发技术人员操作。

集成测试一般来说是一种黑盒测试，主要由软件开发技术人员根据区块链平台的功能手册来完成，需要特殊的测试环境。集成测试一般包括功能测试和回归测试。

集成测试也称为组装测试或联合测试。集成测试在单元测试之后进行，需要先将所有模块按照设计要求组合，组合后得到子系统或完整的系统，然后再进行集成测试。很多案例告诉我们，有些模块单独运行时没有任何问题，而一旦连接起来后，就无法正常运行或功能出现各种异常。因此，集成测试的重要性不言而喻，一些不能在小区域内反映出来的问题，有时候会在连接后暴露出来。

区块链平台测试包括测试方案和案例编写、功能测试、性能测试和稳定性测试。

10.3.2　测试步骤

1. 单元测试

单元测试是开发者编写的一小段代码，用于检验被测代码的一个很小的、很明确的功能是否正确。通常而言，一个单元测试用于判断某个特定条件（或者场景）下某个特定函数的行为。例如，你可能把一个很大的值放入一个有序 list 中去，然后确认该值出现在 list 的尾部；或者，你可能会从字符串中删除匹配某种模式的字符，然后确认字符串确实不再包含这些字符了。

单元测试是由程序员自己来完成，最终受益的也是程序员自己。可以这么说，程序员有责任编写功能代码，同时也就有责任为自己的代码编写单元测试。执行单元测试，就是为了证明这段代码的行为和我们期望的一致。

2. 集成测试

集成测试是在软件系统集成过程中完成的测试，其主要目的是检查软件单元之间的接口是否准确。根据集成测试计划，它将所有模块组合成一个越来越大的区块链平台，并运行区块链平台来分析组合的区块链平台是否准确，以及每个组件是否相互适应。集成测试主要有两种策略：自顶向下和自底向上。集成测试也可以理解为各种组件（软件单元、功能模块接口、链接等）的联合测试，即将软件设计单元和功能模块组装并集成到区块链平台中，以确定它们是否能够一起工作。这些组件可以是代码块、独立的应用程序，也可以是网络上的客户端或服务器端程序。

3. 区块链平台测试

为了验证需求分析确定的功能是否完整且已准确地完成，需要对安装、部署、适应性、安全性、接口等非功能性需求进行测试。测试人员还负责测试区块链平台，该平台应在需求分析后设计，并在集成测试后实施。

10.3.3 如何解决测试和研发的冲突

区块链平台测试部门与开发部门是一对"冤家",时常发生冲突。测试人员在公司的组织地位和成就感本身就不如开发人员,如果得不到尊重,很容易产生情绪甚至离职。开发和测试工作关系很紧密,但是常常发生这样的矛盾:测试部门认为开发部门没有认真对待发现的问题,或者认为开发部门提交测试的区块链平台和模块的问题太多、文档不全,而开发部门认为测试部门测试周期太长,或者测试提交的问题无法定位、描绘不清,或者测试提交的问题小题大做。那么,如何减少开发与测试的冲突呢?可以采取以下措施:

1)建立测试准入和退出标准,对开发部门如何提交测试任务,测试部门如何完成测试工作做出明确的书面规定。例如,开发部门在提交给测试部门之前,应该完成设计单元的白盒测试,或者已完成模块和整机的调试,并已完成相关的设计修改工作。在提交测试任务前,设计部门应提供已完成的调试和测试总结报告。测试部门则应提前完成相应的测试方案,测试结束时要提供测试报告。各种测试文档应该经过测试部门和开发部门共同评审,并充分沟通。

2)建立区块链平台问题提交和处理流程,并对问题的严重等级完成分类,并完成信息化以方便记录,避免问题反复提交和处理过程的随意性。

3)建立区块链平台问题和缺陷数据库。对于测试部门提交的区块链平台问题及其反馈和处理过程,应建立数据库,以便于问题追溯,促进测试和设计工作的共同总结提高。

4)组成跨部门的区块链平台开发团队,以区块链平台的市场成功作为开发团队的共同目标。在新区块链平台开发过程中,设计部门通常会更多关注如何推进设计进度,而测试部门则会更多关注如何发现设计缺陷和保证设计质量,它们因立场不同容易产生冲突。开发团队及其经理则关注区块链平台的市场成功,能够更好地平衡质量与进度的矛盾,避免部门本位主义,更有利于保证区块链平台开发为企业整体利益服务。

5)应建立相应的 CCB(变更控制委员会)组织,对测试和开发人员看法不一致的地方进行协调处理,以免引起不必要的冲突。

6)增加对开发人员的质量考核。传统的区块链平台质量的考核指标一般由测试人员来承担,而在新型的测试管理流程中,开发人员的测试质量同样也是质量指标,但是只针对开发人员。

7)在测试团队中增加 TSE(测试系统工程师)或 TL(测试组长)这样的角色,加强对测试人员的培训。若与开发团队接口的人员都是资深的 TSE 或 TL,可以避免一些不必要的冲突发生,如提交了无效的问题单,提交的问题单描绘不清,或者提交的问题无法定位等。

10.3.4 运维流程

区块链平台运维是指由本单位业务部门使用相关方法、手段、技术、系统、流程和文件对运行环境（软件环境、网络环境等）、业务系统和区块链平台运维人员的综合管理。

在开发网络运维区块链平台的过程中，必须确立一定的理念和思路，只有这样，IT 运维区块链平台才不算是网管工具的组合。网络运维管理的理念和思路可依次分为以下五个过程。

1. 发现——自动锁定目标

发现是指发现网络拓扑。需要指出的是，网络拓扑的呈现形式一般以物理拓扑图为主。

物理拓扑和逻辑拓扑所强调的内容不同。物理拓扑强调物理，即真实网络的动态展现；逻辑拓扑强调逻辑，即宏观网络的静态反映。之所以在发现结果中采用物流拓扑图，并不是因为逻辑拓扑不重要，这是由于从客户的视角，物理拓扑可以提供比逻辑拓扑更多的价值。物理拓扑图作为运维区块链平台最基本、最直接的问题发现机制，发挥着重要作用。

2. 分类——便于快速寻找

分类是指已发现设备类型的分类工作。每种类型的设备都可以有自己对应的标识，以此在物理拓扑图中快速找到每个设备的物理位置。

在分类类型上，运维区块链平台充分考虑了各种复杂网络的实际情况，整合了各种设备的类型要素，方便客户准确查找。同时，区块链平台还支持定制和添加个人喜爱的设备类型标识。

3. 监控——实时兼顾效率

监控是指对发现的物理网络和设备中涉及的参数进行实时监控，并通过实时查看和分析各种参数的结果，为我们的技术人员提供解决问题的思路和方法。

通过整理实际中的网络运维实例可以知道，监控的参数并不是越多越好。在运维管理区块链平台时，各种参数的监控是有取舍的，即根据实际的网络运维管理需求，为客户预留具有实际参考价值的合适参数。通过这样做，可以提示我们的技术人员在日常的运维管理过程中应该特别关注什么，以及需要如何关注。

4. 预警——变被动为主动

预警是指对被监控的物理网络和设备的参数设定阈值，定制报警级别和模式，通过灵活多样的报警模式主动告知网管人员当前存在的问题。

区块链信息技术运维管理平台涵盖的报警类型是全面的，包括网络设备、服务器、不间断电源设备等。综上所述，只要机房内的设备支持网络管理，就可以在运维管理区块链平台找到自己的安全区域。通过区块链平台的智能主动报警模式，技术人员可以随时了解机房设备的运行情况，而不是被动地寻找可能的问题。

考虑到技术人员不能一直待在机房，运维管理区块链平台可以在报警的同时进行各种相关动作，可在技术人员切断故障源之前自动排除网络威胁，为技术人员赢得了解决问题的时间，保证了网络的正常运行和维护。

5. 报表——量化手头工作

报表是指设置日常运行维护的性能参数的历史记录。历史记录可以通过报表的形式记录下来。运维管理者在保证网络正常运行的前提下，如果仅仅通过口头表述向领导和同事证明自己的工作价值，很难得到认可和理解，这是需要有一个量化的内容来证明其工作成果。这就是报表的价值。一般来说，报表应该具有以下功能：

1）网络设备性能的历史记录。可以定期提供各种性能参数的历史记录，以便随时访问。

2）网络布置、规划、改造的依据。我们可以以此作为网络布置、规划、改造的依据，用量化的内容代替口头陈述，更有说服力。

3）为设置拓扑颜色参数提供依据。

简而言之，区块链平台运维管理的流程为发现—分类—监控—报警—报告。有了制定运维管理流程的思路，才能找到真正适合区块链平台的运维管理，为解决各种问题提供科学的分析思路，帮助我们更好地工作。

【小结】

本章阐述了如何进行区块链产品的开发及运维工作。10.1 节介绍了产品的开发规划流程，主要有五个步骤，分别是识别市场机会、项目评价和优先级、资源分配和时间安排、完成项目前期规划、对过程和结果进行总结和回顾。10.2 节介绍了产品开发流程与组织。产品开发流程主要包括 8 个阶段，产品开发组织主要有 4 种形式，不同的开发组织有不同的特点。10.3 节介绍了测试与运维。测试主要分为三个阶段，其步骤主要有三步，分别是单元测试、集成测试和区块链平台测试。最后还介绍了如何解决测试和研发的冲突，以及运维的具体流程。通过本章的学习，可以清晰地了解到区块链产品的开发流程以及运维步骤。

【习题】

1. 试阐述产品开发规划的步骤有哪些。

2. 区块链产品开发流程包括哪几个阶段？

3. 产品开发组织有哪几种形式？它们分别有什么特点？

4. 阐述区块链平台测试的阶段及步骤。

5. 如何解决测试和研发的冲突？需要采取哪些措施？

6. 区块链平台运维管理的理念和思路包括哪些过程？

区块链应用

第三篇

新型数字世
界的机遇与
挑战

第 11 章
区块链对数字世界的重要影响

【本章导读】

随着区块链进一步的发展，区块链技术逐步成为推动数字经济增长和发展的新型基础设施，引领了全球新一轮技术革新，区块链对数字世界的影响日益受到重视。全球主要发达国家将进一步加强其在区块链技术和新兴产业中的关注程度，加大行业扶持力度，从而提升各个国家在新兴区块链技术和新兴产业中的综合竞争能力。在本章中，我们主要探索区块链的发展对整个数字世界的重要作用和影响。

11.1　区块链与数字世界

11.1.1　数字世界概述

1. 什么是数字世界

数字世界也称为虚拟世界，如图 11-1 所示。它是一个基于计算机的在线的社区环境，由个人设计和共享，以便他们可以在定制的模拟世界中进行交互。数字世界具有互动性、便捷性和持久性这三个特质。

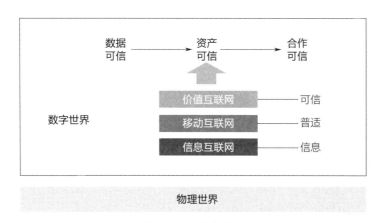

图 11-1　数字世界

在数字世界里，我们很难以利用人工决策的手段对于虚拟和迅速的各种数字经济活动作出决策。人与机器或者其他人之间的交互慢慢地转化成了人和机器或者是其他人与机器之间的交互，甚至这些人都拥有自己的账号、货币，机器之间还可以直接进行一种点对点的交换。能跑又能跳的机器人在去年，技术已经完全实现，模拟化、仿制态化、模拟人工、模拟计算机等技术正在开展中。在数字世界里，金融制度需要按小时服务，记账的时间单位一般都是以秒来标记，而在传统的金融制度里，记账的时间单位就是天。在数字世界里，数字经济遵循零边际成本的基本原则。

2. 数字世界的结构

有别于物理世界，数字世界由信息互联网、移动互联网、价值互联网三个层次构成。信息互联网能够帮助收集足够的信息，移动互联网能够给我们提供普适、共享性的资源，而价值互联网则是建立在信息互联网和移动互联网之上的，能够让所有数据和信息可信，进行相关的价值传递和增值。

在这三个互联网的基础上，数字世界可以做到数据可信、资产可信和合作可信，为物理世界中人们的金融交易和生活提供更加便利的条件。数字世界这些功能的实现，离不开区块链对数字世界的影响。

11.1.2 区块链对数字世界的影响

1. 区块链的影响和作用

区块链技术利用数字化算法来保证两个或多个交易主体能够在不需要借助第三方情况下，自主地完成交易，其中包含了价值的转移、价值分配等的全过程。区块链技术解决了信息的复制和可以被篡改等技术性问题，并且为用户提供了一个有效解决"价值双花"这个技术性问题的方案。

区块链技术所延伸的范围已经不仅限于数字货币。英国报业大亨 Alexander Lebedev 曾发表评论文章预测，区块链技术将打破寄生性的全球银行业寡头垄断。此外，他还认为，这些在基础设施中嵌入的信息技术已经给我们重建一个全球性的金融系统提供了巨大的契机。

区块链技术的发展对我国金融企业的发展具有很大的激励作用。互联网金融依托大数据工作，区块链技术可以及时对数据进行更新和调整，可在与其他企业的竞争中占据一定的先机。另外，区块链技术极大地减少了互联网金融企业的商业信用成本，企业可以将这部分成本应用到其他方面，降低了企业的成本。

在区块链技术落地应用后，互联网企业在监督方面不仅是实际的参与者，更是实际的监督者，可以真正监督每一笔交易的往来支出，有利于在经济全球化的浪潮中站稳脚跟，争取更多的话语权，提高国际地位。

区块链技术的出现代表数据算法新时代的到来，同时也支撑了多个行业的飞速发展，目前多个国家的研发部门都在积极创新、改良、试运行最新研发且配套度更高的区块链技术，也让人们看到了区块链技术未来的发展前景。区块链技术与数字货币息息相关，数字货币的发展离不开区块链技术的保驾护航，现在区块链技术应用较为突出的是货币领域的应用与创新。

2. 区块链对数字经济的作用

区块链在我国数字经济中的地位和作用又怎样呢？以后我们的每一个设备都会配置一个 ID（身份识别码），先为每一个设备建立账户，然后才是对设备进行数据的确权、信息资产化，再就是对隐私的保护、协同计算。也就是说，区块链已经能够在不泄露数据隐私的情况和前提下真正做到数据的实时分享。为什么说区块链技术是一个完全可以在网上传递信息和价值的新一代移动互联网？因为在数据得到确权后就已经可以进行交易了。所以，当这些数据得到了确权，我们在使用这些有价值的数据时就会需要自己去付出一些相应的代价，拥有这些数据的每个人也就会得到一定程度的收益。

在当前的全球数字化网络经济中，区块链能够有效地帮助各种商业和社会经济的应用主体，在一个与其他各种高新技术的产品组合所共同进行塑造的，比传统的互联网更公平、更安全、更可信的网络经济环境中，将各种商业生产要素更紧密地进行连接和相互联系整合到一起，打破了我国现有的传统商业模式下的技术壁垒，加速了各种经济和社会活动的有效流转，创造了一种崭新的现代商业和社会经济模式。

通过这个流程可以清楚地看出，未来在商务流程里我们将使用许多智能化、数字式的信息系统，来实时记录整个商务流程中所有重要和关键节点的信息和数据，以支撑后面的生活（如消费、金融）。这无疑只是一个小小的缩影，但能够体现未来的发展方向。

11.2　价值互联网

11.2.1　价值互联网产生的背景

互联网的出现让整个世界互联互通，大大降低了全球范围内的信息传递成本，使信息能够以极低的成本在全世界自由传播，使得信息交换不再是一件难事，因此传统的互联网是以记录信息、传输信息为主的，又被称为信息互联网。

信息互联网就是泛指基于信息的记录和传递等功能而形成的互联网。例如在网站上发布一段视频或者文字，上传一张照片，更新一段视频等，这些都可能是个人信息。这些信息具有可复制性，且复制的成本极低。信息互联网极大地降低了企业和个人之间信息传播的成本，加速了企业和个人之间信息流动的速度。在一个新的信息互联网时代，我们可以方便的发布、阅读各种资讯信息。围绕信息的获取，诞生了搜狐、百度等信息服务公司；围绕各种不同的信息，诞生了各领域的垂直信息服务公司，例如 58 同城、赶集网是本地生活服务信息的发布平台，百度网盘是信息载体的分享平台，智联招聘、拉勾网等是招聘信息的发布平台。目前的大型互联网公司基本都是围绕各种各样的信息提供服务。

虽然现代信息互联网已经解决了企业信息传播中低成本、高效率进行信息传送的问题，但还没有完全解决企业信息传播中存在的信用性问题。首先，造假的成本很低，有价值的信息难以被保护，信息的真假也难以被核实。真假鉴定和网上交易必须依靠线下的权威机构或是线上可信赖的第三方机构，在实现信息传播便捷性的同时，也造成网络上的信息真假难辨。其次，无法确定资产的所有权，因此资产交易必须借助第三方机构来实现价值的转移。这就导致信息互联网无法确保网上交易的安全，也难以保证数据的真实性和完整性，需要依托第三方机构才能解决信息中的信用问题。这种基于企业信用而长期存在的第三方中介机构（例如商业银行）的经营和管理成本已高至让任何人都无法忽视，因此，急需一种技术，可以在不能确保彼此相互信任的条件下，还能够与第三方进行价值交换，最终达到真正的去中心化和去掉第三方机构。而区块链正是这样一种技术。

区块链的到来已经实现了对信用和资产价值的低成本转移，进一步减少了人们之间彼此贸易的成本，一种非中心化的价值网络——价值互联网应运而生。因此，区块链技术也被普遍视为价值互联网的重要基石。也可以说是，区块链技术的出现促进了价值互联网的发展和兴起。

11.2.2 价值互联网的发展历程

所谓价值互联网，就是通过移动互联网实现了价值（包括商品、服务、货币等）在资产买卖双方之间点对点的转移，从而节省了中间环节，提升了交易的效率，降低了资产价值和交换的成本，且任何种类型的资产都可以通过数字化，以安全和方便的途径来进行价值转移，像向外界传送信息那么快捷、高效、低费用。

概念性价值互联网模型需要有两个主要组件：资产登记和结算，以及基于区块链的价值交换。其中，基于区块链的价值交换除了提供保护价值交换机制的区块链技术外，还引入了智能合约的概念，它作为交易参与者之间的条款和条件协议，基于区块链技术完成和记录价值交换过程。

在价值互联网中，价值交换可以随时发生，就像现在随手分享传播信息一样简单，且可以允许交换任何对某人有价值的资产，包括股票、积分、证券、知识产权、音乐、科学发现等。而在信息互联网中，出售、购买或交换这些资产需要银行、市场（实体或数字）、信用卡公司或第三方中介机构。区块链技术允许资产从一方直接转移到另一方，不需要中间人。传输是有效的、永久的，并且立即完成。区块链促成了新一代网络模式（价值互联网），该模式由建立在开放标准上的传输价值的数字网络组成。我们可以认为，从一个价值观的互联网发展到另一个价值观的互联网，是从一个信息的传递向另一个价值观的传递转变。

11.2.3 区块链对推动价值互联网建设的作用

我们现在仍然处于一个技术革命与产业革命相互交织、共同促进社会发展的时代。而且，区块链相关技术甚至可以被业界视为继蒸汽机、电力、互联网之后的人类下一代最具颠覆性质的科学创新技术。

1. 区块链的作用机制

区块链技术在我国现代金融互联网中正在创造一种保护机制，这种保护机制可以使人们在不产生任何信任感的前提下，还可以直接地去从事一种进行价值信息交换的实体经济交易活动。依托它的去中心化、去交易信任化、集体交易维修、可信赖的数据库等技术特点，非常适合在我国现代网络金融市场作为进行价值交易的一种金融信用保护机制，以降低交易人的金融风险。TCP/IP协议已经基本构建了整个传统信息互联网移动点对点信息传播的技术基础，而且移动区块链也是一个平台，能够直接自动实现具有价值的移动点对点信息传播，真正地直接实现了从一个传统的移动互联网传播向具有价值的移动互联网传播转变。

自由贸易区块链技术从默默无闻发展到声名鹊起，其在商务、金融、医药等各个方面的广泛使用前景都吸引着社会各界的关注。区块链就好像是个公共账簿，其中所有用户提交的任何一份交易都被存储在这个公共账簿中，每个区块都包含前一块的密码散列、时间戳和所有交易数据。区块链技术可用于确保数据和业务活动的真实性、可靠性、可审核性、匿名性和完整性，符合价值互联网的需求。

2. 区块链与价值互联网建设

大家对区块链这项新兴技术寄予了厚望，认为区块链在未来会成为价值互联网中不可或缺的重要一环，下面将从区块链的特性方面对此进行说明。

1）区块链构建了一个去中心化、去信任的机制，不再需要第三方机构进行认证和担保。区块链有着完善的检查机制和复杂的校验机制，使得全部资料均经过加密，安全可靠，确保资料不会被篡改或伪造，保证价值交换结果是真实可信的。这是因为每次价值交换都需要确认并记录在分布于整个网络的块中，因此几乎不可能被篡改。此外，每个广播的块将由其他节点验证，并且记录将被检查，任何篡改都很容易地被检测到，这样就保证了每一笔交易数据是真实且完整的，并接受各方的共同监督。

2）区块链提供了分布式的竞争和合作机制。它提供的是一个共享和开放环境，对所有的互联网参与者来说都是开放的，人人都可以平等地享有这些区块链的资源和信息，人人都有记账的权力。各个节点彼此合作以一种分布式记录、储存、维修的方式来保证价值交换过程的正常进行，各个节点之间又是一种公平竞争关系，有利于形成促进分享经济发展的新市场秩序与新准则。

3）各参与方对交易记录的事件发生次序和当前事件状态达成共识，共同构建了互相信任的区块链机制。由于区块链中的每个区块都是按照时间顺序对整个交易过程进行完整有序的记录，这保证了每项记录都有迹可循、有据可查。用户通过对分布式互联网中的各个节点进行访问，就能够很容易地对其进行验证与跟踪。这大大增强了区块链中所存储数据的可查询性与透明度。

4）区块链能实现各类资产价值转移的可编程性，让整个互联网世界的资产实现自动化、智能化管理。

11.3　基于区块链的产业数字化浪潮

11.3.1　从数字产业化到产业数字化

实现数字经济产业化、数字制造都可以说是实现数字经济发展的组成部分。所谓数字经济，是指以利用数字化的资源作为主要生产要素，以移动互联网作为主要载体，通过现代信息技术与其他行业和领域相互结合而发展形成的一种以数字化、信息化为主要特点的新型经济业态。该模式以新时期第二代信息科学技术平台为理论依托，以全球范围内海量数据互联和综合应用为研究核心，将海量数据资源深度融入产业创新和转型升级的各个环节中。

数字经济在发展的过程中，首先形成了"数字产业化"，之后在不断发展和完善中衍生出了"产业数字化"这一概念。

1. 数字产业化是"魂"

数字产业即信息与通信产业，是数字经济发展的主要先导产业，为推动数字经济的发展而创新技术、产品、服务以及解决方案。数字产业具体包括电子信息制造业、电信业、软件与信息科学技术服务业、互联网产业等。数字产业涉及5G、集成电路、软件、AI、大数据、云计算、区块链等技术、产品和服务。

数字化的新兴产业主要指的是作为数字经济基础组成部分的信息产业，具体包括电子信息设备制造业、信息通信业、软件和信息科学技术服务业、互联网产品行业。

当前，国家大力鼓励和提倡持续释放信息消费的潜力，带动信息消费结构的转变，提高信息消费的覆盖面。信息消费范围涵盖了生产性消费、生活性消费、经营性消费、管理性消费等多个方面，覆盖了各种信息类的服务，如语音通信、互联网数据和接入服务、信息内容和应用服务、软件等多种类型的服务，以及电子商务、云服务等直接推动消费需求的新型信息服务。

可以预见，随着"互联网+"更加广泛深入地介入我们的工作和日常生活，会使得许多原来的社会经济运行准则、经济活动准则发生改变。只要有利于建立和完善法治社会，有利于促进经济社会健康持续发展，有利于减少和降低社会资源运转成本进而提高社会资源运转的效率，有利于在较大程度上为保障公平创造市场竞争，有利于更好地满足老百姓的日常生活和消费需求，我们就应以积极、开放的心态，大步走向"互联网+"的时代。

其实，"互联网+"的一个重要过程就是数字产业化，其市场和发展空间很大，例如可以加快和发展平台经济、共享型实体经济，培育众创、众包、众筹等商业模式，创新和发展新零售、新电商、新物流等多种商业模式，加快数字农业园、乡镇电子商务平台等的建设。数字化信息网络产业大有可为。数字产业化是新时代经济增长的灵魂，也是推动产业数字化进程的基石。

2. 产业数字化是"根"

产业数字化泛指我国传统行业在应用大规模数字信息技术时所带来的大规模生产数量和效益的提升，其中新增产出将会构成大规模数字经济的重要组成部分。数字经济不是一种数字的经济，而是一种融合的经济，实体经济才是发展的落脚点，高质量地发展经济才是总要求。产业数字化涉及产业互联网、两化融合、智慧制造、汽车互联网、平台经济这些融合类型的新产业，以及创意商务、媒体、电子商务、互联网、媒体、电信等。

随着互联网和数字化对各行业技术改造的不断深入和演进，必然会要求我们实现每个产业的信息数字化，产业中的互联网将作为每个产业、行业以及每个企业之间的"连接器"，充分激活每个产业、行业、企业之间的信息流通。

产业数字化将从根本上带动一方产业，促进实体经济发展，所以产业数字化才是发展的根基。

将企业数字化的基础知识和信息直接转化成企业的生产要素，这就是数字企业产品和服务的主要目标。通过对信息科学技术的创新和管理的革命性创新、商业模式的革命性创新进行融合，不断地催生各种新的产业和模式，形成数字产业链及其产业集群。其中，形成产业生态集群就是一种有效地实现产业聚集、提高产业层次的手段。在产业数字化建设中，"产业数字化"的趋势也日益凸显。

信息相关产业数字化的发展势头迅猛，影响深远且潜能巨大。信息相关产业数字化的进一步发展保证了我国可以长期和稳定地实现持续健康的经济发展，这就非常需要我们会同世界其他各国的信息相关产业政府部门、行业协会组织、公司、智库等的专业人员齐心合力，积极应对全球网络空间的巨大风险和严峻挑战，实现全球经济社会持续发展。

3. 数字产业化和产业数字化的关系

数字产业化决定产业数字化，产业数字化反作用于数字产业化。

一方面，数字产业化是产业数字化的基础。没有数字产业化，尤其是没有良好、稳定而可持续的数字化基础设施，不可能实现产业数字化。对于数字化基础设施，必须掌握关键技术、核心技术，否则，被他人控制技术的产业数字化不仅得不到健康发展，而且可能是很危险的。数字技术是本质和原因，数据、信息、知识、智慧是现象和结果。因此，数字化的新兴产业是我国数字经济的一个核心组成部分，而新兴产业的数字化也是我国数字经济的一个重要组成部分，也可能是最巨大的部分。数字化产业是一个正在发展的新兴产业，相较于其他传统产业的发展和数字化，更加依赖国家政策、政府推动和技术创新。

另一方面，产业技术数字化促进了我国数字时代经济和传统产业的发展，第一是产业的发展数字化，第二是行业的发展数字化，第三是产业数字化。没有产业数字化作为支持，数字化产业就可能没有用武之地，不能得到更大体量的发展。行业的数字化规模越大，就更需要更加积极地推进我国的数字化和产业化发展。产业数字化需要政策扶持、政府推进，但更需要市场需求、社会响应。

总之，数字产业化与产业数字化是数字经济的两个不可或缺的部分，是辩证统一的关系。二者比较起来看，数字产业化可能在短时间内通过政策扶持、政府推进来初步搭建，但产业数字化却更需要市场的需求和力量来推进。因此，产业数字化必须对市场和社会进行需求侧改革与创新，才能得到长足而持续的发展。

11.3.2 区块链对产业数字化浪潮的作用

1. 区块链的作用机制

我国传统金融行业依托区块链所具备的高可靠性、交易方式可追溯、成本节省等特征，在支付、结算、用户身份标志识别等多个技术领域均将进一步深化改革，从而解决行业痛点，提高运作效率。除此之外，区块链也逐步扩展至电子信息储备存证、著作权管理与交易、产品溯源、数字化资产及其交易这些实体应用领域，为产业的转型、变革注入新的驱动力。

区块链信息技术作为一个全新的技术手段，其主要功能有分布式文字数据在线存储、点对点数据传输、共识共享机制、加密存储算法等。区块链信息技术在我国金融行业各个领域已经成功取得了一系列具有革命性的技术进步和研究成果，并在我国银行业和电子商务业等的大力支持下，在其他更加广阔的产业领域中不断地进行技术创新和发展，且正在由传统制造业向现代工业和移动互联网等产业领域逐步进行拓宽和延伸。

2. 区块链的局限和发展要求

不过，任何一个新的技术从开始创新发展到成熟，都需要一个复杂的过程，要客观对待。区块链当前还只是处于一个初级的技术发展时期，无论是技术或者商业都不成熟。从技术的角度来说，区块链仍存在很多问题，例如种类有限的信息共识机制、容量有限的区块会造成网络拥挤，分布式系统则缺少有效调整和维护机制，专门针对区块链的数据库体系仍然很不成熟。

区块链信息技术产业的快速发展要求进一步打破技术瓶颈，在信息技术、商务和应用场景三个不同维度上进行深刻技术融合和深度创新。因此，一方面，我们还需要不断探索区块链相关应用技术和其他不同类别技术应用场景的相互结合；另一方面，我们也需要不断加大对区块链相关应用技术和应用场景相关综合性技术人才的培养支持力度。

【小结】

本章主要讲述了区块链对整个数字世界发展的重要影响。首先，我们从区块链和数字世界切入，明晰区块链在数字世界的重要作用和影响。之后，我们通过价值互联网和产业数字化的概念，进一步说明了区块链对数字世界的重要推动作用。除此之外，本章各节中都有关于区块链应用优劣势的剖析和对其未来发展的展望，有利于读者辩证地看待区块链与数字世界之间的交互联系。

【习题】

1. 数字世界由（　　）构成。

　A. 信息互联网　　　　　　　　B. 工业互联网

　C. 移动互联网　　　　　　　　D. 价值互联网

2. 请简述区块链对数字世界的影响。

3. 区块链对推动价值互联网建设的作用有哪些?

第 12 章
资产数字化与数据资产化

【本章导读】

区块链技术的发展使得通证经济下的产业生态圈更加常见，同时促进了数据资源在实体经济中的应用转化，让资产数字化、数据资产化成为发展新趋势。资产数字化是通证经济下资产在线上线下共同流通的过程，有利于提高资产流动性、实现资源共享、降低信息不对称程度。数据资产化是集源数据、数据采集、数据存储、数据处理及数据应用于一体的业务价值链条，能够实现静态数据到动态资产的转化，实现大数据的价值。数据资产化将带动数据价值的进一步实现，实现数据资源的整合。

12.1 通证与通证经济

12.1.1 通证与通证经济的定义

1. 通证

通证是 Token 的中文翻译（见图 12-1），是在区块链发展中所诞生的名词，是数字世界的"价值表示"。狭义的通证是资产数字化的自然结果，指去中心化、有价格、具有流动性、可进行价值表示的记账单位，即可流通的加密数字凭证。通证的存在有利于设计通证模型、构建相关生态、治理产业生态圈。通证随互联网时代的发展经历了分阶段的发展演变过程：从古典互联网时代用以登录验证的通证，到智能合约中的数字货币，最后拓宽至代表使用权、收益权、表决权等多种权利的凭证。通证的应用范围在逐步拓宽，内涵也更为广阔。

图 12-1 通证

从广义来看，通证并不局限于信息时代的数字化资产阶段，广义的通证是可流通的凭证或实物。只要是可以用来交换的凭证，无论是实物凭证、货币凭证，还是数字凭证，均可纳入通证的范畴。

目前，通证常常被定义为"可流通的凭证"，具有三个必要的要素：第一个要素是"权益"，即通证具有固有或内在价值，是价值的载体或形态；第二个要素是"证"，即通证有密码学的加持；第三个要素是"通"，即通证必须可以在一个网络中流动。

2. 通证经济

通证经济（Token economy）基于狭义通证的概念，是区块链技术在现实应用中围绕通证所产生的闭环系统。

通证经济系统的设计包括通证设计、场景设计、流通设计三个主要方面，如图 12-2 所示。通证经济系统的场景是区块链技术的商业落地场景，典型场景有网络社区、数字内容、分享经济、新零售及资产通证化等。其中，新零售场景关注资源的价值，资产通证化场景则关注智能资产应用方面。

利用区块链及通证优化"价值"的转移和流通，能够使其有更广的流通范围、更低的流通成本、更快速的流通速度以及更加智能且精确化的操作。

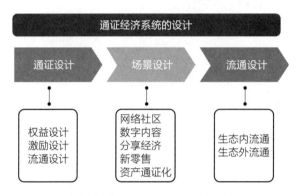

图 12-2　通证经济系统的设计

12.1.2　通证的分类及案例

1. 通证的分类

此处的通证指狭义的通证。在区块链项目中，每个通证不是只有一个属性，可流通、加密、权益凭证等特征赋予了其类似货币属性、股权属性、使用属性等的多种特别属性。根据这些属性可将通证进行分类，例如有人将其划分为直接对应现实世界价值的价值型通证、类似股票和债券等的收益型通证、类似会员卡和优惠券的权利型通证、类似房产证的标识型通证等。但此分类方法未能将所有通证进行完整的解释和划分，因此用单一维度划分和定义是不可行的。目前，通证较为完善的分类方法是 Untitled INC 团队整理分析形成的 TCF（通证分类框架）五维度分类法，如图 12-3 所示。

图 12-3　TCF 五维度分类法

2. TCF 五维度分类法具体案例应用

STEEM 币

以内容社交平台的 STEEM 币为例，将其放入 TCF 里进行综合性解读。

1）目的维度。STEEM 币在 STEEM 网络上激励用户通过文字、图片、视频等内容表达自己的思想，因此属于网络代币类型。

2）用途维度。STEEM 币是内容平台上的应用型代币，可作为 Steemit、Partiko、Busy 等应用的内部组成核心部件，是一种应用型代币。

3）法律维度。STEEM 币是一种在去中心化平台上有明确用途的效用型代币。

4）价值维度。STEEM 币与 STEEM 网络价值相绑定，同时与网络参与者的核心交互紧密相连。STEEM 的网络效应可投射到代币上，是具备网络效应的代币。

5）技术维度。STEEM 币是应用于区块链底层协议上的原生代币。其既与区块链的操作互相影响，也是共识机制里重要的组件，同时是监管节点及其激励机制的一部分，是与比特币、以太币处于同一技术层面上的货币。

12.1.3　通证与通证经济及区块链的关系

通证经济离不开通证及区块链技术。简而言之，通证经济以通证为载体，将价值和权益通证化。它利用区块链技术推动生产要素进入流通环节，通过自由市场使得资源实现合理配置。

通证与区块链技术是前台和后台的关系，二者相互依存。区块链技术使通证产生出来，通证则是区块链技术的应用体现。只有在具有去中心化和不可篡改特性的区块链技术下，通证才能安全并快速地进行流通，实现通证经济的迅猛发展。

通证与区块链技术是价值交换的体现。通过在特定场景进行交易，通证与区块链技术能够实现其在价值交换方面的重要价值。在币币交易所、不涉及法币交易的网络社区、部分涉及法币交易的数字内容、法币交易的共享经济、线上线下融合的新零售等典型情形中，区块链技术支持通证实现价值交换。

12.1.4　相关案例分析

不涉及法币交易的网络社区：Steemit 博客平台

Steemit 博客平台是一个引入了通证的互联网信息创作平台。该平台将通证作为激励内容创作者的工具，以此鼓励平台创作者上传数量更多、质量更高、获赞更频繁的作品。

Steemit 博客平台搭建的公有链 STEEM 包括 STEEM 币、Steem Power（SP）、Steem Blockchain Dollars（SBD）等三种主要通证。SP 和 SBD 是作为通证嘉奖分发给平台创作者的，同时由见证人确定 SBD 兑换 STEEM 币的汇率。

案例 12.3

部分涉及法币交易的数字内容：数字内容付费与互联网积分

文字、音频、视频等数字内容的整个业务流程是适合进行区块链落地及通证化改造的典型场景。一方面，用户可以通过支付法币进行数字商品购买；另一方面，平台可以通过通证来激励用户的行为。

对数字内容付费平台进行的通证化改造以互联网积分作为要点，用积分激励用户。积分既可以在平台兑换商品，又可以于内外部交易所进行交易。

案例 12.4

资产通证化：智能资产

资产通证化是将线下资产采用上链的方式运转，用通证进行价值表示并在区块链上进行交换的场景。资产通过数字化变为可以受智能合约控制的智能资产，赋予投资者更大的资产管理控制权。底层资产的持有者和使用者也能进入此循环中直接参与交易，资产的收益分配由智能合约自动处理。

案例 12.5

慢性病管理的通证化

在慢性病管理情形下应用区块链技术，可实现在统一网络中进行数据管控和分享。监管机构、医疗机构、第三方服务提供公司及患者本人均能够在一个受保护的生态中共享敏感信息，协同落实一体化慢性病干预机制，从而使疾病得到有效控制。用户以专有的身份信息创建私有的数字身份及相应的公私密钥，帮助用户对个人数据授权对进行管理，不同机构所搜集的用户数据将打包加密存储至各自的节点中，而各节点的身份管理池机制将确保用户身份数据的合法写入，使不同用户账号体系间建立起互联互通及数据关联（包括身份管理、权限证明与管理等）。所有的参与机构在明确有需求去调阅非本机构的用户数据时，经用户授权许可之后，通过密钥比对可获取用户相关的及时的医疗健康信息，避免了用户的隐私安全泄露，也避免了传统医疗数据共享所带来的法律及伦理挑战。而监管机构不需再去重复比对数据，即可掌握居民慢性病管理整体状况，大大提升了监管效率。通过区块链技术，该项目提供了全新的分级诊疗就医体验，在保证用户隐私基础上，实现了慢性病管理的全程共享、全程协同、全程干预。

案例 12.6

通证化下的药品溯源

药品溯源也是通证经济在医疗领域中的落地方向。例如，上海三链信息科技有限公司开发了基于区块链技术的医药溯源应用，主要落地在医药的溯源、追溯查询和医药溯源数据交易方面，解决了供应链上下游之间的信息不对称不透明和企业间共享信息的难题。一方面，联盟链上存储的数据在获得各节点授权后，可针对医药供应链全链条数据进行统计分析，帮助制定计划策略，简化采购流程，降低库存水平，优化物流运输网络规划，提供商品销售预测；另一方面，医药溯源数据交易市场构建了大数据交易平台，提供溯源数据定价策略与交易流程，促进各企业主体依据自己的安全和隐私要求对联盟内外的数据需求进行响应并完成交易。

12.1.5　通证经济未来展望

1.通证经济下的未来政府

第一，通证经济能够有效地辅助国家实施监管。区块链技术可以将所有的数据原原本本地储存而不能随意地删改，并将规范写入智能合约中，这样通证经济即结合了区块链"代码即法律"的能力，从而更好地实施激励和惩罚机制。在通证经济下，每个人平等地享受电子通证的保护，通证身份可以参与各种社会事件等。第二，通证经济有助于多尺度衡量公民的个人行为。在通证经济背景下，政府可以将个人的房产、工资、合同等资质上传到政府的通证平台。例如，未来将个人声誉与智能合约绑定，区块链网络对诚信通证化，最终那些缺乏诚信的买家和卖家会被限制交易。第三，政府政策的实施更为高效、透明和公开。可以赋予公民权利，使公民按照自己的想法参与公共政策的制定；政府的影响力在区块链的分布式 P2P 网络散开，从而获取更高层次的信任度。

2.通证经济下的未来公司

将通证引入公司的激励与惩罚机制中，便可以深入测度公司内部人员的个体行为，使得老板可以综合结果和过程清晰地对每名员工施行奖励和惩罚措施，清晰地划定分工，加快合作效率。区块链的出现使得分布式记账得以实现，人与人之间、公司与公司之间、政府与公司之间共享信息，建立不可篡改的信息机制，不仅可以使信息更加清晰透明，而且更加有助于降低企业与企业以及个人与个人之间的信息成本。

12.2　资产数字化的概念界定、目标与相关案例

12.2.1　资产数字化的概念界定

资产数字化是指将实物资产放到互联网上形成映射关系，实物一对一锚定数字资产。数字资产在互联网上流通的同时，也具备在线下流动时的流转、权属等各种属性。这也意味着，企业已生产和未生产的资产都可以提前销售，提前在区块链上流转和确权，提前回笼资金。同时，在区块链上用通证形式发行对应的数字资产后，可以直接在网上对资产进行交易、转让、确权、分红、注销等操作。相比于传统实体资产，数字化资产的联网性使其流动性大大增加，交易成本也因流动性的增强而降低。

1. 资产数字化与其他几个概念的区分

资产数字化与数字化及资产证券化在概念上具有一定差异。

1）资产数字化与数字化。资产数字化属于数字化转型的范畴，与当下主流所理解的数字化在逻辑和实现手段上并不一样。资产数字化重构了商业模式，全方位、多层次地解决企业运行中各环节的问题，同时满足企业在市场、融资、转型方面的核心需求，实现良性循环发展。

2）资产数字化与资产证券化。区别于资产证券化拆分实物未来的收益权、无法线下兑换发行证券的资产等特点，资产数字化的实物可标准化，不能分割，且与数字权益锚定的实物可以线下兑换，变现为当下的现金流。资产数字化本质上是变现当下资产的收益形成现金流，实际上解决了企业现金流不足的问题。当现金流充足时，企业可以专注于优化产品、提高生产力、扩大规模、加大创新投入。资产数字化帮助企业重构整个商业模式，促进企业良性循环发展。

2. 资产数字化的特点

区块链技术下的资产数字化具有不依赖第三方的审核认定、资产种类大幅增加、资产背后信息维度不同、资产具有开放性等几个特点。

1）不依赖第三方的审核认定。资产数字化的产品由项目方自己发行通证，仅供自己的客户和其他利益相关者使用。该过程完全出于点对点的交易，整个过程不需要第三方审核，也不需要第三方承担责任，完全由项目方自己承担责任。不依赖第三方的审核认定的特点使得权责更加分明，效率也得到提高。

2）资产种类大幅增加。由于第三方的审核认定不被需要，且通证可以进一步将价值量化，因此资产数字化对应的资产种类大幅增加，民间发行资产出现井喷。资产不仅包括传统意义上的股票、债券、基金等标准化产品，也包括商品的使用权、仓单、知识产权、合同、供应链金融等非标准化的产品。

3）资产背后信息维度不同。传统资产仅包含资产本身的交易价格、发行价、交易量等信息，造成信息较为有限、信息不对称现象严重。资产数字化之后，资产背后的信息维度得到拓展，包含从来源到去向等各方面的整合信息。这些信息以加密形式存在，以供分布式协作和智能合约随时调用。资产背后的信息维度从自身的局限信息进行扩展，成为包含资产和多个维度可信信息的新型资产。

4）资产具有开放性。传统金融数据具有中心化服务器，相互之间不相通。交易所、企业、股票、债券等数据只属于各自本身，数据之间相互独立，互通性较差。但在区块链技术下的资产数字化中，只要相关数据存储在区块链上，那么数据与数据之间就可以相通。

12.2.2 资产数字化的目标

资产数字化改变了资产的交易模式、背后的信息维度、权属关系，其目标本质上是解决传统实体资产流动性较差、数据联通性差、系统透明度低等痛点。

1）提高资产流动性，降低流通成本。相比于传统实体资产，数字化资产的联网性使其流动性大大增加，交易成本也因流动性的增强而降低。流通的便利性可使其能够更好地完善国际跨境支付体系，提升跨境支付清算效率，减少跨境服务成本，提升各国央行对货币供给的管理和货币流通的控制力。资产数字化能够更好地支持经济和社会的发展，促进普惠金融的全面实现。

2）实现资源共享，推动共享经济发展。资产数字化能够让资产快速流通起来，将实体资产通过智能数字化的方式更加便利地进行资源共享。在区块链技术下，数据与数据之间可以相互联通。随着参与的企业、消费者不断增加，数字化资产的流动性将不断提升，从而推动共享经济的进一步发展。

3）提升系统透明度，降低信息不对称程度。区块链技术的使用能够让参与者看到交易的每一步，提高经济交易活动的透明度和便利性，在很大程度上能够减少印假钞、洗钱、逃税偷税漏税等违法犯罪行为。

12.2.3 相关案例分析

1. 积分联盟

目前使用积分的场景很多，例如餐饮、美容、服饰等店铺的会员积分卡，支付宝积分，航空公司积分等。但积分都处于各自相对封闭的圈子中，只能在相应场景中使用，例如餐饮积分可用来抵换菜品，支付宝积分可用来兑换礼品，航空公司积分可用来兑换里程等。

通过引入区块链技术进行资产数字化，应用区块链分布式记账的特点可以建立开放的积分联盟。在积分联盟中各场景之间的积分可以自由兑换，不同场景中的积分可以互相流通。在区块链联盟下，把只能用于兑换的积分变成了能跟收益挂钩的积分，在吸引消费者的同时也为商家创造了更多机会。

2. 企业融资新手段

资产数字化为企业特别是小企业融资创造了机会。例如新建一家餐饮店需要进行募资，但由于企业规模较小、现有资产难以打包，因此其融资较难。即使获得融资，由于资金穿透难、流动性较差等原因，投资者无法保障收益。在此背景下，资产数字化能够为盘活小企业流动性创造条件，即可通过出售短期收益权的方式，使更多的投资者能够参与进来。由于小企业信息披露较为困难，投资者对餐饮店进行了解的方式可以通过摄像头，系统自动分析客流量、购买力等，以及供货单据、收银记录等，再利用大数据分析判断企业的营运能力和盈利水平，以此作为是否投资的依据。

让资产端的资产上链以后，所有情况都会一目了然，还能直接被资金端所识别，降低中间成本，从而促进并实现投资行为。

3. 太阳能电力交易系统

一家澳大利亚的太阳能电力公司创建了交易系统 Power Ledger，这个系统可以为电能生产者和使用者建立直接的联系并进行交易，而无须电力公司充当中介。应用这个交易平台用户可以直接将残余电能直接卖给其他用户，价格也高于直接售卖给电力公司。这样一来，电能的生产者获得了更大的收益，电能的消费者也获得了更低的用电成本，电力公司也转型成为分布式系统平台提供商（Distributed System Platform Providers，DSPPs），并可将现有的落后电网系统升级，转变为个人微电网的集合体。

12.3 业务可信数据与数据资产化

12.3.1 业务可信数据与数据资产化的概念

1. 业务可信数据

在数据信息愈发重要的当今社会，数据作为核心资源极易出现被滥用、真伪难辨的现象。基于区块链技术的业务可信数据具有分布式、去中心化、不可篡改、透明安全等特性，能够解决传统存储技术中无法保证数据真实性、数据易被保存方删改而变得不可信等痛点。它以信用企业为数据背书为权证核心，同时以区块链技术运行智能合约作为可信交易保障。

2. 数据资产化

随着越来越多的企业和组织布局数据要素，数据的价值越来越被人们所认知和发现。数据资产化是集源数据、数据采集、数据存储、数据处理及数据应用于一体的业务价值链条。数据资产化的核心环节在于数据采集和数据处理部分，落脚于数据应用，在数据的可视化中实现用数据指导决策、用数据进行营销变现。

数据采集过程是指收集整合各渠道的数据，形成基于企业或机构自身数据资源的数据资产包，继而对此数据包进行分析处理，从诸多零散、杂乱的数据中提取可用性较高的数据，服务于企业或机构。

12.3.2 业务可信数据与数据资产化的关系

业务可信数据与数据资产化相互依存。数据资产化的目标是实现大数据的流通和应用价值。仅仅通过数据采集、数据存储、数据处理等环节进行的数据资产化并不完整，而依托于区块链技术进行的数据资产化则可以形成业务可信数据。

12.3.3 相关案例分析

案例
12.7

比邻可信数据服务

数据资产化在金融业的应用较为广泛，其中比邻可信数据服务便是典型案例之一。比邻将数据服务应用在保险行业，在保险产品销售的过程中应用独特数据优势进行实时核保，对用户健康数据等各方面信息进行核验。该项服务在事前对可能存在的风险进行有效控制，使得后期出险概率降低，保险公司成本得到控制。预先控制带来的成本方面的节省能够回馈给消费者，并能够根据回馈情况自动厘定不同消费者的费率情况。值得一提的是，比邻可信数据服务将区块链技术用以进行数据记录，通过智能合约进行自动执行，避免了中心化机构下的虚假数据等问题。

案例
12.8

济南市区块链政务平台——泉城链

2020 年 9 月 3 日，济南市区块链政务平台——泉城链投入使用。泉城链既是区块链在智慧政务中的典型应用，同时也是数据资产化的典型体现。其建立了政务可信共享新模式，实现了政务数据、个人授权数据、社会数据等在链上共享的新平台，将静态数据升级为社会的动态资产。泉城链将数据精准应用于群众本身，通过进行数据加密、授权使用等方式，提高了数据在群众和企业中的使用可行度。泉城链区分公开数据与隐私数据，在部门、行业、机构共享的同时，保证隐私数据的安全性。

案例
12.9

基于区块链的电力数据资产化

如今是一个数据信息爆炸式增长的世界，对数据的储存、处理、分析促进了大数据的发展，但数据在隐私保护、确权、共享、交易等方面也面临挑战。数据具有可复制性，如果把数据交由他人使用，数据的归属权也会因此丢失。在云计算时代来临之前，大多数的商业模式倾向于自己管理自己的数据，但仍然存在将数据与他人共享后会被二次滥用的问题。云计算的大规模应用降低了维护数据的成本，却难以掌握数据的流向。电力大数据具有推动电力行业发展的重要作用，但由于电力数据会涉及用户的商业机密、隐私信息等，因此不应该进行公开。

因此，需要一种仅由电网公司、科研实体和电力生产企业共享或交易电力数据的安全平台。早期电力数据的管理平台是以中心化储存的方式进行数据管理的，但这往往会导致数据被滥用。采用区块链技术，搭建分布式、去中心化的计算与存储架构，使电力持有者自行定价和发布数据资产，并在管理员审查机制下对敏感数据交易提供保护。电力数据存储在区块链上会被多方实体共同维护，进而保障电力数据的安全和数据流转透明性，使其可追溯但不可以篡改。这种基于区块链的电力数据资产化方式具有更好的功能和安全优势。

案例 12.10

可控医疗数据互联互通交换系统

雷盈信息科技基于区块链技术打造了可控医疗数据互联互通交换系统。基于行业的联盟链实现区域医疗系统内的数据交互，采取部分去中心化的实现方式，在各医院数据节点中选举管理中心节点，由管理中心统一对链节点的进出进行授权；利用分布式账本的写入、访问权限控制，读取权限可以按照需求有选择地对外开放，并且保留了区块链多节点运行的通用结构，并可以由特定机构进行内部数据管理和审计。针对跨机构、跨平台的安全数据共享问题，利用联盟链可以实现联盟与国家卫健委、地方卫健委、疾控中心等各方对网络访问权限的共享，却不会对数据安全性和完整性造成威胁，实现可控的数据互联互通。

【小结】

本章从通证出发，讨论了资产数字化和数据资产化的概念界定及在现实中的意义。通证经济以通证为载体，将价值及权益通证化，利用区块链或者可信中心化系统让生产要素进入流通环节，通过自由市场让资源配置更加合理。资产数字化是一种新的机制和模式，资产数字化是未来的一大趋势所在，进行资产数字化能够在一定程度上降低成本、减少资源的浪费。而数字货币的诞生为数字金融市场奠定了基础，数字资产必将成为传统金融资产的进化方向。作为金融市场中货币和资产的交易中介，经济主体应当未雨绸缪，及早开展数字资产业务的研究，作好前瞻性准备。

【习题】

1. 简要概述通证的定义及分类。
2. 简要概述资产数字化与数据资产化的区别及联系。
3. 举例说明数据资产化在金融或其他领域还有哪些应用。

第 13 章
泛金融时代的风险与监管

【本章导读】

随着时代的进步和国家的大力支持,以及互联网技术的进步,传统金融领域的壁垒不断拓展,金融业从最初由国有银行占主导迅速拓展至各个领域,诞生了许多创新性的金融产品。其中,以区块链技术为载体的数字货币是泛金融的代表。但随之而来的是监管的缺位以及风险的暴增。我们回顾过往就会发现,大量的泛金融领域产品存在的风险点均会在随后"引爆",从而产生一系列的社会问题,而这些问题往往需要由社会和国家为其买单。因此,对其存在的风险我们不能视而不见。我们要全方面地认识这些风险,只有全面深入认知和了解这些风险,才能更好地采取应对措施。

13.1　泛金融时代的风险梳理

金融的基础是信用，金融本质上就是一种信用交易。同理，金融也可以说是最能体现现代社会中信用原则和价值的方式。在以往，如果要处理交易中的信用问题，往往会引入第三方信用中介作为背书，如政府、国有银行等其他机构，这样的机构能够帮助降低信用成本，保障交易进行，不过我们要为此支付代价，即各种类型的手续费。

泛金融时代的到来也导致了全民放贷、全民 PE（私募）等情况的出现。泛金融的定义在不断扩展，从银行、证券、保险、基金拓展至遍地开花的金融产品。各种设计有金融功能的产品，成为跨界的金融产品。

区块链技术是近年来信息技术最重大的发展之一，被认为是继大型机、计算机、互联网之后计算模式的卓越创新。2017 年 5 月 16 日中国电子技术标准化研究院联合数十家单位发布了中国区块链技术和产业发展论坛标准 CBD-Forum-001-2017《区块链 参考框架》，明确了区块链是一种在对等网络环境下，通过透明和可信规则，构建不可伪造、不可篡改和可追溯的块链式数据结构，实现和管理事务处理的模式。区块链是分散网络中计算机共享的数字账本，其更新维护模式使任何人都可以证明其记录完整无损。其加密安全性、不可篡改、分布式、去中心化、数据透明及审查便利的技术优势，对破解网络知识产权的保护困境有着不可比拟的优势。其因独特优势在金融领域也广受追捧。

泛金融的大多数手段的载体都以数字互联网为依托，同理互联网平台是互联网金融发展依托的平台。互联网技术具有很多与传统金融手段不一样的特点，比如技术复杂性、信息开放性、共享性和创新性等。一般金融风险的特点主要为交叉传染更严重、扩散传播更快速、风险监管更困难、危害影响更广泛。

13.1.1　法律政策风险

泛金融领域的法律政策风险更多指的是由于缺少针对性的监管、税收等的法律法规和政策故而产生了政策的不确定性，导致泛金融的参与者存在着资金受损的可能性。这种风险也不仅在泛金融领域中出现，在传统金融领域中亦有出现。

从法律政策风险的构成上看，其主要包括两个方面：一是监管风险，二是合规风险。

在泛金融领域，法律政策风险产生的主要原因是立法不足、法律滞后或模糊。法律政策风险会产生交易风险。目前，企业范围、市场准入、网上交易的权利义务、资金监管、企业主体身份认证、电子合同有效性确认、个人信息保护、网上争议等诸多领域没有明确的法律规定。此外，法律本身就具有滞后性的特点，针对市面上新兴的金融产品并不能保证第一时间出台政策进行应对。

13.1.2　技术风险

技术风险主要集中在泛金融领域且广泛存在，因为泛金融手段大多依托互联网技术而存在，所以存在一些技术性安全风险。计算机软硬件及互联网技术本身存在一些固有的缺陷，现有的技术并不能给出良好的解决方案，故而导致交易主体存在资金损失的可能性。

互联网金融的基础是发达的计算机网络技术，其安全运行的前提是互联网的安全运行，故技术风险会导致整个系统产生风险。

从网络安全角度来看，技术风险主要包括两个方面：一是存在可信节点被攻击的风险。由于区块链技术自身的局限性，可信节点被攻击可能导致区块链系统的不稳定。同时，由于区块链交易系统具有不可逆性，一旦黑客掌握超过 51% 的系统节点，会给客户带来难以挽回的损失。二是信息泄露风险。目前，区块链技术普遍采用国际通用的加密算法，由于算法规则公开透明，在一定程度上增加了受攻击的风险。

13.1.3　隐私和客户端安全风险

由于互联网企业自身制度和体制的不健全，会产生互联网金融信息安全风险，这将会忽视用户信息使用、传输、保存、处置的具体环节，从而导致不能关注用户的安全保护，致使用户信息泄露、被篡改、被盗窃、被滥用，使用户面临风险。

此类风险具体包括三个方面：一是内部控制管理风险。若互联网企业内部制度不完善，员工执行能力不足，当信息系统和内部控制有缺陷时，不当操作和内部控制的事务可能会产生意外的风险。二是应急管理风险。由于没有较为完善的应急和灾备系统，如果发生自然灾害会给企业带来非常大的损失。三是外包风险。当前互联网企业的业务有很多采用外包模式，由外包企业提供业务或技术支持，如果其与外包企业之间的权利义务、外包范围不明确，会导致将核心业务外包，最终可能带来泄密风险。

13.1.4　监管风险

数字金融的发展给监管也提出了许多新的要求。从经营者来讲，曾经从事金融行业需要取得相关的牌照，但是由于如今的泛金融、准金融、类金融的不断扩展，现在没有相关牌照也可以提供金融服务或涉足相关领域。

就区块链来讲，其监管风险包括三个方面：一是法律法规不健全。由于区块链技术还处于初步发展的探索创新阶段，可能会在一定程度上损害区块链金融研发人员的权益。同时，区块链金融在跨国交易时面临国内外执法差异，也会导致区块链金融风险。另外，相关法律法规的空白也限制了区块链金融的长远发展。二是缺乏相应区块链行业标准。目前，我国针对区块链金融领域仍未研制出统一的技术开发标准、团体标准、安全标准。三是监管体系不对称。事后监管是传统金融监管的特点，金融机构是其监管对象，而区块链技术采用分布式记账的开放式账本，此公共账本代替金融机构成为监管对象。同时，监管对象模糊、金融机构的混业经营导致区块链金融的监管风险加剧。四是区块链跨链融合的监管难题。一方面，区块链技术本身包含有躲避金融监管的属性。在密钥唯一情况下，金融机构开展审查工作必须拥有足够的权限。另一方面，随着区块链金融应用探索的深入，难以在安全监管下推进各区块链间的信息交互和跨链融合。

13.2 监管思路的进化

互联网金融打破了传统金融对行业、地区和时间的限制，使金融服务具备了跨行业、全时段、跨地区等特征，展现出主体广泛复杂、跨界交叉等突出特点。互联网金融的边界拓展给现行金融监管体系带来了挑战。

13.2.1 功能监管

功能监管主要是根据各种互联网金融业务的金融功能本质来进行监管。在功能监管中，相同类型业务遵从同样的监管规范，受到相同的监管。相较于机构监管，功能监管更适应金融创新，更具有效率，也更具有监管的稳定性。一个互联网金融机构可能产生和提供多种业态的金融服务创新，以机构监管为主的传统金融监管模式难以适应新的金融组织形式和服务形式，尤其在混业经营状态，极易导致创新不足、监管套利和风险盲区。

实行功能监管要把握好以下两点：一是有针对性地实施监管措施，二是强调业务行为监管。互联网金融监管不因机构形态不同而有所差异。互联网金融机构如果实现了类似于传统金融的功能，应该接受与传统金融相同的监管；不同的互联网金融机构如果从事了相同的业务，产生了相同风险，就应该受到相同的监管。

13.2.2 协调监管

现行金融监管体系实行"一行三会"分工监管模式，中国银行保险监督管理委员会（简称银保监会）负责监管银行、信托保险等业务，中国证券监督管理委员会（简称证监会）负责监管证券业务。应对网络金融新发展带来的新挑战，就必须在分业监管格局下按照互联网运行特点加强协调、分工协作，推进监管的"无缝对接"。协调监管主要包括以下几个方面：一是明确互联网金融各业态的监管主体。依据互联网金融业务的属性及承担的具体金融功能，将互联网金融业务列入现行法律框架和现行金融监管体系的范围之内，划归到现有分业监管体系的相应监管部门，消除监管分工不明确导致的监管真空和职能交叉导致的监管重叠等弊端。二是加强跨部门监管协调。各成员单位从不同专业角度形成互补的监管要求与标准，积极开展互联网金融组织市场准入协同审核、跨市场创新业务协同审核、联合现场和非现场检查制度、互联网金融风险联合处置机制、政策变化协调、监管记录及使用、诉讼处理及合作等的配合。三是加强与地方政府部门的合作，例如与司法部门合作共同处理金融犯罪。

13.2.3　技术监管

互联网金融很大程度上依托于云计算、大数据、移动互联网等技术。新技术的应用使各种不确定性增大，导致原有监管方式难以适应互联网金融监管的要求，必须推进监管技术化，打造各类"线上"监管工具和专业化系统。技术监管将成为互联网金融监管的重要方式，主要包括以下方面：一是建立网上互联网金融监管平台。建立互联网金融金融监管大数据平台并开发相应的分析工具，运用基于大数据的算法监管、基于模型的自动监管等非现场技术监管方式，通过信息网络对互联网金融进行实时监管，及时发现新问题、新情况和确定现场监管重点，推送相关风险提示。二是优化互联网金融运行的技术环境。三是推行互联网金融新业务技术审查制度。四是抓好技术监管队伍建设。培养一批了解信息技术最新和最新应用情况的监管队伍，加强对现有互联网金融中各种技术的认知了解和跟踪研究，作好相关技术储备，避免互联网金融技术监管滞后于互联网金融技术应用的情况。

针对区块链领域中互联网金融的风险防范，我们应当加强以下几点建设：

1. 加大技术研发投入，优化技术环境建设

技术创新是互联网金融发展的核心保障。第一，政府机关及时跟进国内外区块链技术发展情况，加大对科技创新机构的支持力度，针对企业区块链知识产权设立特别法律保障，鼓励企业技术创新。第二，加强区块链技术及底层平台研发。企业要明确区块链技术的研发方向，攻克共识机制、区块链分片技术、加密技术、智能合约等核心技术；自主研发底层技术平台，借鉴国内外开源平台并深度开发，构建基于可控型底层技术平台的区块链技术生态环境建设。

2. 完善监管机制，构建监管体系

第一，从分业监管到功能监管。目前，区块链金融应用集中在证券交易、支付结算、数字票据、供应链金融等金融场景，应根据区块链金融创新产品所实现的基本功能分类，实现功能化监管。第二，从机构监管到技术监管。充分利用区块链可靠的数据库以及智能合约达到技术监管，提升监管效能。例如，将风险防控规则代码化并编入智能合约中，利用区块链可靠的数据库为监管部门提供实时监控的数据，从而实现更高效和标准化的技术监管。第三，建立我国的沙盒监管体系。借鉴国外的监管沙盒的制度设计，基于我国金融机构区块链金融业务创新的方向，构建我国的沙盒监管体

系。在确保环境可控的前提下，允许金融科技创新者在监管部门监督下进行创新实验，监管部门全方位跟踪测试创新应用的实时风险，推进区块链金融包容性创新。

3. 规范行业标准，健全法律体系

法律约束是区块链金融稳健发展的保障。第一，国家应加快制定区块链金融相关的法律法规，学习国外互联网金融监管经验，结合我国区块链金融应用的实体情况，对已有的法律条例及时修订，制定区块链技术应用的相关标准和操作规范。第二，法律法规应当加速落地，并及时督促相关人员的执行。第三，加快区块链标准化的研制。政府部门应当设定区块链金融市场的行业准入标准，构建严格的市场准入注册、审批程序制度，提高企业准入门槛，确保行业内企业具有良好的资历。同时，积极参与国际跨境监管标准的研制，推进我国金融领域区块链跨链协议，引导和规范区块链金融应用规范、区块链技术在我国金融领域的应用创新。

4. 重视专项人才培养，加强员工培训

在企业层面，针对内部人员开展区块链的知识普及与基本技能培训，提高其运用区块链技术的知识能力，有效防范人员操作失误导致的区块链金融风险；选拔有潜力的职员定期去科研机构培训学习。在高校层面，建立区块链金融人才的专有培养计划；在高校教学课程里将密码学、金融学、计算机技术等知识结合应用到教学实践中；在校内设立区块链技术研究项目。积极开拓区块链技术开源交流平台，引进专业人才，充分利用企业与高校平台为区块链技术开发、区块链金融应用创新提供人才储备。

13.3　个人与企业的泛金融风险应对策略

13.3.1　个人应对策略

技术是把双刃剑，一方面可以带来方便，使更多的人可以享受金融服务；另一方面，它又会使一些风险变得更为隐蔽。金融消费者参与门槛较低，大多数人没有受过金融风险教育，因此在金融风险的识别和管理方面可能会产生一些潜在风险。

在泛金融时代，经营者在风险管理和预防控制方面具有优势，而弱势消费者在风险识别和预防控制方面处于劣势。基于此，提出了以下的个人应对策略：

1）权益范围的细分。在保护弱势消费者权益方面，应进一步划分和深化权益的范围和类型，特别是在新形势下，许多新的权益（例如信息消费、隐私保护、数据的力量等）对弱势消费者来说更值得注意。

2）构建新型权益保障体系。建立保护弱势消费者权益的制度也可能需要进一步建设。但是目前，我国还没有单独的此类机制，金融消费者协会还没有成立。

3）保护金融消费者的立法。虽然对金融机构加强了监管，但我国也应当加强保护金融消费者的义务，特别是立法，很多国家和地区完成了金融消费者立法，而我国尚未通过相关立法。

4）确立参与门槛。应当有针对弱势消费者的门槛。另外，并非所有金融行业都能参与金融投资，也必须设定门槛。不认识风险和了解信息，就无法进入部分高风险金融领域，这也是对他们的一种保护。同时，还应加强打击金融犯罪和非法集资：打击金融犯罪是保护弱势消费者；如果放任非法集资，金融欺诈就会蔓延，更多消费者会遭殃。

13.3.2　企业应对策略

1. 树立应有的金融风险防范意识

企业要想有效提升金融风险的管理水平，必须树立应有的风险防范意识，对其形成正确、清晰、全面的认识，从本企业发展特点和运营管理的状况考量，对潜在的金融风险进行科学合理的预测，并采取有效的措施进行防控。特别是对广大的中小企业来说，必须根据自身的具体情况，不断优化和完善金融风险防范体系，进行经营制度改革，加强同其他企业的合作，积极开拓融资渠道，合理控制生产规模，以确保在自身经济效益稳步提升的同时，能够不断增强自身对金融风险的防范能力。

2. 积极建立并完善科学合理的金融风险预警机制

在金融风险防范的具体过程中，企业必须要对金融风险的管理目标予以明确，充分考虑自身的风险承受能力和风险类别，并对风险管理的成本因素加以兼顾，精细化核算风险管理过程中的各项费用支出，并对其进行严格的管控。另外，企业必须要加强内部控制与管理，确保基层员工的稳定性，确保正常工作不受到影响；在对风险管理目标进行确定的前提下，结合国家的相关法规政策以及自身现阶段的发展特点，积极构建并完善科学合理的金融风险预警机制。风险管控人员应对市场的变动情况进行全面的了解和分析，通过对各项数据和资料的收集，合理预测企业可能出现的金融风险并提前做好预案。应安排专门的经济项目负责人对各项经济活动和财务收支进行监督和管控，并将相关信息有效反馈到企业领导和管理层，从而为金融风险的防控提前作好准备。

3. 对衍生金融工具进行充分合理的利用

企业要想实现金融风险防范的预期效果，离不开对衍生金融工具充分合理的利用，例如：企业在开展相关金融业务的过程中，可以通过期权或期货等金融衍生工具，再根据金融市场的供需情况选择最佳的交易方式；要与自身现阶段的发展特点和经营周期有机结合，从而确保应用数量和期限体系结构的最佳化；通过行之有效的内部财务管理，对金融衍生产品的交易行为加以全面的监控；要形成合理的成本控制理念，对金融风险予以有效的识别和防控。

4.积极引进和培养高素质复合型金融风险管理人才

企业应积极引进和培养高素质复合型金融风险管理人才，不断提高其综合技能和素质，加大教育培训力度，只有这样才能更好地应对不断变化和发展的金融风险。因此，企业需要定期或不定期地开展金融风险管理人员的专业教育和培训，并通过一定的惩奖措施激励其进行自主学习，不断提升其业务能力，从而使其能够更好地开展金融风险管理工作，为企业的稳定发展贡献自己的力量。

【小结】

随着互联网技术的快速发展，传统金融行业与其相结合发展出了多种创新性的金融模式，例如区块链技术就是其中的典型。但伴随着互联网技术的发展，伴随的相关风险也在急剧上升，除传统金融风险外，以互联网金融为代表的泛金融领域的风险也融入了互联网行业的固有风险之中，大致可以将其归纳为法律政策风险、技术风险、隐私和客户端安全风险以及监管风险等四个大类。风险的出现要求监管思路也要与时俱进，要加强监管功能，也要协调多领域行业的监管，还要对监管的法律法规及其技术进行加强。面对泛金融领域的蓬勃发展，个人和企业也要作出相应的改变：除了个人自身要重视以外，社会也应重视对弱势群体的保护；企业也应当提升自己的防范意识，并加强预警机制，以及充分利用衍生金融工具和引进与培养复合型人才。

【习题】

1. 以下不属于泛金融范畴的是（　　　）。

　　A. 区块链

　　B. P2P

　　C. 长租公寓

　　D. 保理业务

2. 从网络安全角度来看，区块链存在的风险有（　　　）种。

　　A. 1

　　B. 2

　　C. 3

　　D. 4

3. 简要概述泛金融风险有哪些。

4. 简要概企业如何应对泛金融风险。

第 **14** 章
合规科技：管理创新与应用实战

【本章导读】

对当下的金融机构来说，合规一直是一个受到重点关注的领域。在金融业，合规主要指的就是金融合规。在这样的背景下，区块链支持下的合规科技为各金融机构的合规发展，提供了技术手段和方法论的支持。了解合规科技，明确区块链在合规科技中的具体作用以及应用场景，对拓展区块链应用领域及当下金融业的稳定发展具有积极的意义和作用。

14.1 合规科技概述

目前，科技与金融深度融合已经成为重要的行业发展趋势，其中合规科技更是重中之重。本章将从合规科技的背景、概念界定、方法和发展前景几个方面对这一热议概念展开具体介绍，帮助读者快速了解合规科技的发展现状与部分典型应用，一同探究合规科技在实践中取得的重大成就和应用价值，为金融监管积累经验。

14.1.1 合规科技的发展背景

近年来金融领域十分火爆，无数投资者被金融行业的高收益所吸引，纷纷投入其中，然而高收益意味着高风险，金融行业本身就具有较大不确定性，加之如今科技发展迅速，区块链、大数据、人工智能、云计算等技术也纷纷在金融领域投入使用，这一行业的结构变得更为立体而复杂，金融监管方面也将面临更多挑战。

我国在金融监管方面已经取得了重大成就，但同时也不应否认，相关制度仍然不健全，会给不法分子可乘之机。例如我们正处于一个飞速发展的时代，众多新兴技术更新速度快、灵活度高、应用范围广，法律法规修订没有先例可循，速度与之相比远远落后，在执行过程中也会出现力不从心的境况。金融监管成本高，犯罪成本却极低，这对金融监管体系的构建十分不利。目前的金融监管资源，无论是从数量上还是质量上计算，都存在明显不足，主要体现在金融基础设施不足、监管科技水平较低、高素质人才缺乏、资金投入较少等多方面，且此类问题正在日益严重，阻碍了金融行业的发展。

放眼世界，各国对金融监管的态度差异较大，以数字货币为例：我国政府明确禁止在境内进行数字货币相关业务；美国不禁止其发展，但会严格管控，推行 MSB 牌照；相比之下，日本则对数字货币彻底敞开怀抱，成为世界范围内首个进行了虚拟货币立法的国家，并自行摸索出了一套较为完善的监管制度；德国是第一个认可比特币的国家；新加坡也是亚洲最支持数字货币发展的国家之一。总体而言，致使世界各国态度不一的根本原因都是金融监管困境的存在，这是全球都需克服的难题，不过也并非没有解决方法，如近年来逐步走入公众视野的合规科技便为解决这一问题提出了新思路。

14.1.2 合规科技的概念界定

合规共有三层含义：一是企业的生产经营要遵守国家法律法规，二是企业的生产经营要遵循企业内部规章制度，三是企业员工要具有良好的职业操守，工作符合道德规范。概括来说，合规是指机构利用一套流程确保员工和组织遵守内部和外部的规则和规章制度。通常，合规官来处理这些管理和监管工作。然而，这种方法会带来高成本、低效率和不准确的负面影响。据估计，美国金融机构每年在合规方面的支出就已经超过 700 亿美元。

14.1.3　合规方法

金融行动特别工作组（ Financial Action Task Force ， FATF ）于 1989 年在法国巴黎成立，是当今世界上影响力最大的反洗钱和反恐融资领域的国际组织。洗钱对金融体系的稳健运行影响极大，不利于社会公正和市场公平，是严重的经济犯罪，所以世界各国都对其深恶痛绝。尤其是"9·11"事件爆发后，国际社会领略到了洗钱犯罪的重大危害，并将"打击资助恐怖活动"也着重列入计划之中。

对于合规方法，FATF 建议使用 RBA（风险基础办法）。FATF 作为一个国际组织，旨在以最有效的方式制定反洗钱政策。它作为与所有规定都有关的首要要求，对所有企业更有效地分配资源，采取与风险更匹配的预防措施，从而高效全力发展，是至关重要的。

14.1.4　合规科技的发展前景

毫无疑问，合规科技在未来会不断推进，具有广阔的市场前景。自从 2008 年全球金融危机以来，世界各国的金融机构都存在增加合规人员的情况，不断进行流程再造、强化压力测试、内部检查，以提升监管能力。例如，2012—2014 年摩根大通增加了多达 1.6 万名员工从事合规监管工作，不惜产生了 20 亿美元的新增成本支出。2017 年我国证监会也发布了《证券公司和证券投资基金管理公司合规管理办法》，要求券商强化全员合规，优化合规管理组织体系，我国证券业协会也发布了与之相对应的管理实施指引，足见国家对合规管理的重视。对此，国内证券公司积极响应，纷纷招募大量合规人员，而这些新员工的薪资也在不断上升。

概括来讲，合规科技的发展呈现出三个主要趋势：其一，合规科技往往并非单独投入使用，通常与其他高科技产品配合使用，其中最具代表性的是人工智能技术。其二，合规科技企业对数据规范的重视程度正在不断加强。这是由于欧盟《通用数据保护条例》（简称 GDPR ）的出台引发了全球数据保护热潮，全球有关法律法规都在不断完善，监管正在加强，合规企业同样需要作好准备。其三，合规科技以丰富的运用场景作为典型特征。除金融行业以外，食品安全、环境监测、安全生产、医药卫生等众多行业也都有涉猎。

虽然合规科技优势显著，但是机遇与挑战并存，其依旧面临诸多挑战。首先，与传统管理模式相比，合规科技毕竟属于新兴事物，企业和机构能够借鉴的经验并不多，虽然前景良好，但在运营过程中难免遇到很多突发问题，此时需要使用者具备较强的随机应变能力。其次，合规科技的推进需要一定前期成本的投入，而且这是一个循序渐进的过程，很难产生立竿见影的效果，所以企业需要协调好合规科技目标与短期经营目标。最后，法律法规的完善具有一定的滞后性，通常是在问题出现后才逐步修改，弥补此前没有预想到的内容，合规科技正是处于这样一个模糊地带，这将成为合规科技在使用中可能遇到的未知阻碍。为了克服这些阻碍，在产品设计方面要特别重视灵活性和适应性，具备产品根据市场形势进行快速更新迭代的能力，同时产品团队也应具备强大的法律和科技实力。

14.2 国际经验梳理

目前，合规科技的发展和应用在我国仍处于探索和起步阶段，因此，在借鉴国际经验的基础上学习和发展，是我国合规科技发展的必由之路。

我们应先整合分析各国合规科技发展的相关经验，并在此基础上总结其中共性的东西，为未来我国合规科技和监管科技的发展提供方法论和路径的指导和支持。

14.2.1 国际经验概述

1. 英国

英国在合规经济方面的探索和尝试，主要是通过建立"金融科技加速器"以及成立与金融相关的"联合社区"开展的。英国是第一个提出"监管沙盒"计划的国家，该计划通过对金融机构以及企业进行产品、金融业务、风险等预测，实现对合规风险和成本的控制。在该主导方针的指引下，英国在实施全额支付交易、新思维技术创新等领域也有不少的成就和创新。英国还创新性提出了机器化可读模式，用于提升全球合规科技以及相关监管程序的一致性和兼容性，能够让各个国家金融科技的最新进展在同一平台上交流和讨论，使全球合规科技的发展更进一步；在注重对外建设的同时，英国还通过监管机构内部技术的提升和控制，维护和建设本国合规科技的程序的正当性和合理性，让对内的合规科技的发展更加成熟和稳健。

除此之外，英国金融行为监管局（FCA）于2010年起发布关于监管科技的反馈说明，并于一年后实施监管科技的相关项目和法律规定，推进合规科技的发展和完善成熟。

2. 美国

美国的相关金融监管机构对金融科技的创新尤为重视。美国商品期货交易委员会（CFTC）成立了"LabCFTC"中心，在促进市场监管和金融市场控制的同时，还促进企业主体的创新和发展。《CFPB创新细则》也为初创公司提供了相关技术创新的制度保护以及政策依据，为合规科技的发展提供了准则性的支持和帮助。相关的合规科技的法案还包括《虚拟货币商业统一监管法》《美国FinTech框架》、《2016年金融服务创新法案》等。

美国也在金融基础设施建设以及金融监管数字化方面采取了一系列措施进行创新：在支付领域，美国通过成立"加快支付工作小组"实现金融支付的数字化、便捷化、透明化；在交信息领域，证券信息电子化披露系统（EDGAR）以及美国证券交易委员会（SEC）将合规技术又提升了一个层次，使得监管机构和投资者之间的信息交互更加高效。

3. 新加坡

新加坡金融管理局（MAS）主要通过创设智慧金融中心，来推进各部门和各领域的技术合作和交流。通过设立金融科技办公室、成立相关的创新小组和推进相关的金融项目，MAS 与科技公司、金融企业以及监管机构等多业界进行合作创新，探索了合规经济发展的路径和金融科技的相关解决方案。

FTIG（金融科技创新集团）、电子 KYC（了解您的客户）平台等也是新加坡合规科技管理的重要机构和实施平台。通过区块链技术的加持，新加坡能够更加高效地利用合规科技，推进合规科技的体系化、制度化建设和发展。

4. 澳大利亚

澳大利亚则创设了 ASIC（澳大利亚证券和投资委员会）创新中心，通过跨界合作，央行与银行业合作开发了全新的软件平台，助力合规科技基础设施的建设和数字化的创新发展。该平台主要通过数字化的科技手段，收集投资者以及相关金融机构的交易数据和交易信息，搭建起政府监管部门、银行信息部门以及投资者之间的联系。

此外，澳大利亚的圆桌会议也是举世瞩目，对合规科技及监管科技的发展起到举足轻重的作用。

14.2.2　特点总结和借鉴

1. 重视跨界的科技合作与交流

由于合规科技需要用更多的技术手段去实现合规成本的压缩以及合规伤痕的弥合，金融机构、科技企业以及相关的金融监管机构需要建立起更加密切的联系和合作。上文提及的美国、英国等都通过商业 / 社区合作、跨界交流等方式进行跨界的科技合作，共同促进合规科技的发展。

对我国而言，金融机构作为重要的合规科技实践主体，也可以尝试与各科技企业、高校进行跨界的项目合作和交流，以此推进合规科技专业化提升。例如蚂蚁集团与清华大学、西安交通大学等学校的金融技术合作以及合规科技的框架设定，我国银保监会与中国建设银行共同出台的合规科技相关规定等，这些都能够聚合各领域的智慧形成较为完备的合规科技解决方案。

2. 政府监管机构的主导作用

从各国的治理经验来看，政府的监管机构在合规科技的发展历程中，起着绝对的主导作用。英国"监管沙盒"的探索、美国 CFTC2.0 金融科技方案的制定、印度"Aadlaar 计划"以及奥地利央行和各金融企业的合作等，都说明了监管机构对合规科技起着引领性的先导作用。

从我国目前合规经济发展的历程来看，合规科技主要由金融企业为降低合规成本而进行探索和尝试。这些尝试大部分是分散化、未成体系的，且没有形成全行业共享的规模效应。这一现状大大阻碍了合规经济的发展和进步。我国可以借鉴国际相关经验，在国家层面、政府金融监管层面充分重视相关科技的投入和政策倾斜，发挥我国"集中人力、财力、物力办大事"的优势，大力扶持相关技术的创新发展。

3. 规章制度和立法方面的探索

金融科技和合规科技都是近年来出现的新潮流和新趋势，在传统金融监管以及立法中都缺乏相应的规章制度和立法规范。因而，在对合规科技探索和尝试的过程中，各国都非常重视关于合规科技立法和规章制度建立方面的探索和尝试。欧盟金融立法的创新性和灵活性、美国和英国相关的政策法规制定都以实际行动充分说明了立法制度规范在合规经济创新中的重要作用。

我国在合规科技的立法方面已经有了部分的探索和尝试，例如 2018 年证监会印发的监管科技总体建设方案等。未来，我国在立法上可以秉持灵活性、实时性调整的原则，为合规科技提供实时的政策法律支持，促进该新型领域的发展，降低合规成本。

4. 技术的快速更新与迭代

无论是在英美、欧盟等发达国家和地区，还是在印度等发展中国家，各个国家发展的合规科技都有着快速迭代和升级的趋向和走势。一方面，由于合规科技的技术特性和科技性，使得合规科技必须快速迭代才能够满足日益变化的合规要求及合规监管的变化；另一方面，跨界的合作与交流使得在合规科技领域有多种思路一直在不断交锋和碰撞，也使得创新的想法和技术快速、高质量地产出，这也是合规科技快速更新与迭代的一个重要诱因。

目前我国的合规科技的发展速度较慢，技术的迭代和升级也还未赶上发达国家的标准和要求。在这种情况下，我国需加速关于合规科技的投入与研发，通过跨界合作等手段和方式加速其更新，从而慢慢赶超先行国家，形成"后发优势"，在合规科技领域占有一席之地。

14.3 合规科技的应用与产品化

Regtank 的一站式合规解决方案

1. Regtank 简介

Regtank 成立于新加坡，致力于为客户提供一站式合规解决方案，目前已取得新加坡金融科技协会（SFA）的金融科技认证。Regtank 的产品已取得新加坡知识产权局

（IPOS）的知识产权保护。

Regtank 的专业团队来自法律、合规和科技行业，还聘用曾在监管机构任职的专业人士，以确保其专业服务能全面地覆盖金融监管的各个范畴。Regtank 以最高的合规要求为标准，助力客户简化合规流程，实现高效管理。

Regtank 熟知监管机构对企业合规的要求，据此打造自动化一站式合规 SaaS（软件及服务）平台，遵循风险基础方法（RBA），整合 KYC 和 KYT（了解您的交易）两大模块，并利用独创的智能风险评估引擎，提供 360° 风险评分。

2. Regtank 合规解决方案与产品

Regtank 合规解决方案基于采用定制化风险因子和自动化工作流程的风险基础方法，以智能风险引擎为支持，帮助客户进行 KYC 与 KYT 工作，并进行 360° 风险评分，打造出最先进的自动化一站式合规 SaaS 平台，助力客户高效且更低成本地开展合规工作。

（1）智能风险引擎　Regtank 将合规与正在申请专利的风险引擎相结合，实时整合来自全球多个数据库的信息源，并划分不同类别和风险等级。智能风险引擎是根据全球和本地法规预先构建的，以定制化的方案协助客户满足合规需求。

该风险引擎具备以下功能：

- 灵活的风险等级设置。根据公司的风险政策来定制评分矩阵。
- 监管合规的风险要点。预先构建监管合规的风险要点，如巴塞尔指数的国家筛选、FATF、清廉指数（CPI）等。
- 实时数据库。连接到实时数据库（区块链、制裁、政治敏感人物、负面新闻和监管执行）。
- 风险引擎的版本控制。通过风险引擎的版本控制及多版本保存的设置可以高效进行审计跟踪及报告。

（2）了解您的客户（KYC）　Regtank 的产品帮助客户在一个统一且直观的平台上管理 KYC 工作，如背景扫描、风险评估、记录保存和持续尽职调查。

其 KYC 功能包含：

- 直观且连续的工作流程。通过简化的工作流程，有效防止错误判断并识别关键风险。
- 综合数据库（制裁、政治敏感人物、负面新闻）。基于前沿的情报机构，从全面的政治敏感人物和制裁数据库中扫描信息。
- 自动风险评分。上传单个或批量用户信息，系统将自动进行风险评分。
- 自定义重新评分的设置。可以根据业务规则，对不同风险等级的用户进行不同频率的重新扫描设置。
- 监管报告。进行尽职调查并生成用于持续监管的报告。

（3）了解您的交易（KYT）　Regtank 可以帮助客户识别并报告可疑的加密货币交易，并通过使用先进的风险算法和强大的加密货币地址数据库来管理非法活动风险敞口。

其 KYT 功能包含：

- 交易监控。自动扫描新的和现有的加密货币钱包地址，用以识别并提醒区块链上的任何可疑行为。
- 区块链分析。其前沿技术和合作伙伴可追踪 200 多个风险指标，并为客户提供交易模式分析。
- 识别资金来源。将虚拟交易方匹配至现实世界，并生成 KYT 报告，包括风险评分、账户余额、刑事犯罪记录、洗钱、贿赂、腐败、恐怖主义和制裁。
- 多数据输入。可按照客户自己的方式进行，通过安全的 API 连接或前端界面上传扫描用户的钱包地址，满足客户的整合需求。
- 加密货币合规。遵守最新的 FATF、AML 和不同区域的隐私法规，防范洗钱风险和非法资金服务，并避免潜在责任。

（4）360° 风险评分 Regtank 的 360° 风险评分是整合 KYC 和 KYT 的一站式平台，将虚拟网络与现实世界相联系，提供跨时间和跨虚拟资产的全面风险概况，并通过比较交易行为和客户信息识别异常模式。

360° 风险评分可实现以下功能：

- 将零散的数据转换为连贯且可操作的分析。
- 整合 KYC 和 KYT 分析的整体风险概况。
- 监控跨时间和多种虚拟资产的交易。

3. Regtank 业绩成果

Regtank 的合规产品包含了 9000 万规模的钱包地址数据库、5000 万规模的 KYC 数据库和 150 万规模的每周新数据要点，以强大的技术能力与海量数据帮助加密货币机构加快 AML/CFT（反恐怖融资）的流程并节省至少 30% 的开支。

作为具有广阔前景的合规科技领域的初创公司，Regtank 在仅成立 6 个月时，即获得了 200 万新加坡元（简称新币）的种子轮融资，并于 2021 年 4 月入围了亚洲金融科技奖决赛名单，体现出一家合规科技初创企业的卓越能力与巨大潜力。

RegTank 和 GlobalBlock 的深度合作更将实现合规科技在数字资产流通交易中的跨越式发展。在金融风险日益增长、监管日趋严格的当下，大力推动加密货币合规化的发展，运用 AI、机器学习、大数据分析等手段，进一步扩展科技 + 金融应用场景，保护全球投资者的重大权益，对构建健康的全球数字资产生态体系具备极大价值，也将对全球数字资产行业产生深远影响。

14.3.1 身份识别管理控制

随着金融活动的普及化和大众化，客户匿名参与投资活动会对整个金融体系造成很大的威胁并产生很多隐患，整体的客户关系也难以监测和管控。区块链的发展就是为解决这一难题而存在的。在区块链基础上衍生出来的合规科技，能够很好地解决身份识别与管理的相关问题。

目前，大数据、AI、人脸识别等新兴的科技手段和工具能够快速对投资参与者的身份和信息进行识别和运用。同时，在整个交易的过程中，合规科技还能够根据大数据的计算结果生成每个客户的用户画像，有针对性地进行投资管理和全过程的监控。例如，KYC 技术就是基于分布式账本的一种技术应用，能够全程监控相关的投资管理和决策。

身份识别与访问控制平台会以标准性与安全稳定性为前提，构建全球性的用户身份管理、信息管理和授权管理的中心，保障信息资源的有序应用，确保资源和服务的安全；实现用户的统一管理，提高用户集中式管理的效率，降低维护成本；实现用户身份的统一认证，减轻用户在用户名和密码管理上的负担；建立多样化的认证方式，满足不同业务的不同安全级别要求；为应用安全在统一身份认证、授权、单点登录和数据传输／存储加密等方面提供保障。它不仅可实现基于智慧平台基础上的各类业务系统的单点登录服务和对用户身份的全生命周期统一管理，还可实现更细粒度的权限控制，并支持提供基于岗位的多级授权模式，实现授权管理与业务的解耦。

14.3.2　实时实施风险管理

合规科技的另一个应用场景就是对整个金融系统的风险管理。该领域的解决方案通过进行相关风险数据的分析和整合，优化风险管理流程，提升金融系统自动识别金融风险的能力，同时更好地满足相关的合规要求。

在当前金融体制改革日益深化，金融监管力度进一步加大，同业竞争日趋激烈的严峻形势下，合规科技要适应在新形势下提出的全面风险管理要求，迅速转变观念，尽快掌握新的经营管理方式，改变传统的经营方式和经营理念。为此，需要我们理解和掌握金融风险管理的概念和相关知识，以便更好地在区块链行业范围内贯彻实施全面风险管理。

经济结构的根本性变化，金融创新与金融衍生工具的不断涌现，利率与汇率的市场化，金融产品交易的全球化以及市场竞争的加剧，使得合规科技发展过程中的各类风险迅速增大。该技术主要通过 AI 或机器学习为基础的先进数据处理技术，实现对贷前调查、贷中审查和贷后检查等信用风险全流程的把控；运用大数据技术，可实现关联方的系统自动匹配和识别，系统性地防范和化解金融风险，从而减少人工合规成本，提升整个金融系统的风险把控能力。

14.3.3　自动形成合规报告

目前，在国际金融领域，各国对金融的相关监管愈加严格，中央政府不断出台和更新相关的政策和法律法规，对金融风险和金融交易秩序进行控制和监管。金融机构的各个业务和项目都需要大量的数据报送，且有风险控制的相关规定和要求，例如压力测试、资本管理、关联交易、流动性管理、恢复和处置计划以及重大事项等，且报告的频率和质量要求也不断提高。在这一趋势潮流下，各金融机构需要动态跟踪相关的监管动态，并根据相关的监管研究自动更新报告的相关解决方案。

该应用主要是各个金融机构利用 IT 系统，将合规要求嵌入其中，并结合自身的发展进行及时的更新和解决方案的提出。例如，英国的商业银行首先创造并适用该合规技术，以标准化格式自定义相关的报告内容和相关的解决方案，并实现合规报告产出的自动化。这项应用的出现使得在金融发展领域的监管更加完善，资本管理及跟踪监管等流程更加具体且自动化，有利于应对金融风险和维持金融交易秩序。

14.3.4 全面进行交易监控

对金融市场交易的相关交易流程和交易行为的监管和控制，合规科技也通过相应的机制和技术进行实现。互联网的飞速发展，给区块链的发展带来了丰富的信息资源，使其能充分享受互联网带来的种种便利。不过我们也应该看到另一方面，由于网络应用的快速发展，不可避免地会产生许多问题，传统的经营管理方式显露出致命的盲点和误区，特别是向内部管理以及信息安全方面提出了严峻的挑战。

这一领域主要关注与金融项目运作以及整个金融市场交易有关的相关流程和交易环节的自动化，以期在最大程度上降低整个金融系统在交易过程中的风险。该领域具体的解决方案包括风险敞口评估、保证金计算等。2017 年，合规科技仅占金融机构全部合规投入的 4.8%，但根据相关机构的预测，到 2022 年这一比例将达到 34.4%。

技术是把双刃剑，在促进交易效率提升的同时，也提升了监测金融犯罪的技术成本。为防范相关的金融犯罪和金融风险，合规科技应用于金融交易的风险监测及把控过程中。

就目前而言，合规科技交易监测的一个具体的应用，就是在反洗钱、反恐怖融资等金融交易领域。交易监测的痛点和难点之一就是，面对海量的数据和资金流动信息，如何降低预警误判率，及时准确地识别真实的犯罪交易。通过 AI 算法以及相应的机器学习，合规科技能够快速定位和识别可疑的金融交易行为，并作出相应的预警和提示。支付宝系统也应用了该项技术，通过 AI 识别和智能语音电话的提示，尽最大可能减少交易风险的产生。

尤其是在数字货币交易的金融合规监管领域，数字资产交易记录监控在数字资产时代背景下的重要性不容忽视。在科技创新方面，可以基于自动化、资产化、服务化的建设思路，首先搭建市场前沿分布式微服务架构，其次实现全类型的数据自动化接入（包括结构化和非结构化，实时、批量），再次实现数据高度整合，最后使用大数据、AI 等手段实现服务，最终实现数字资产交易记录监控。

14.4　数字资产的金融合规监管

为了降低金融危机带来的危害，全球金融监管机构也始终在创新监管理念，大力发展各种金融监管技术和监管工具，使得金融监管能够与金融创新同步。对于数字资产的金融合规监管，需要不断完善政策体系，加大对合规技术的提高，使金融合规监管趋向合理化、规范化、自动化。

14.4.1　数字资产监管难的特性

对数字资产而言，其通过复杂的技术手段实现了信息的高保密性和快速传达，但同时也在另一方面提升了整体数字资产的监管难度。

首先，数字资产监管的一大难点在于：由于加密技术，外部监管者难以了解客户的具体情况和基本信息，对其之前的交易数据和交易行为都无法掌握，这就使得对重点可疑人群的监管有极大的困难。在这样的不利条件下，数字资产的反洗钱成本较高，增大了系统性的金融风险，造成了很多内生型的金融问题和金融隐患。

其次，对外部监管者而言，目前没有非常完善的法律体系和相关的监管规定，对很多投机者来说有很大的犯罪和投机空间。在这样的背景下，金融风险防范难度加大，让数字资产的市场监管更加困难。

14.4.2　全球数字资产监管政策

1. 美国

SEC 对数字货币的监管主要体现在 ICO 和 ETF（交易型开放式指数基金）上。SEC 的态度很明确：ICO 产生的数字货币属于证券，因此发行过程需要按照证券法来监管。而比特币不是 ICO 产生的，因此比特币不属于证券，不在 SEC 监管范围内。但是，数字货币的 ETF 属于 SEC 的监管范畴。而合法合规的 STO（证券化通证发行）已经可以落地，SEC 同时也批准 Props 以同样的方式发行 STO，募集 2560 万美元。这是 SEC 批准的首个此类通证产品发行，这标志着合法合规的 STO 已经从规划探讨推进到实践落地阶段。SEC 认为，目前数字货币 ETF 无法保护投资者，主要原因是数字货币信息不透明、市场价格易受操纵，ETF 难以定价、波动太大、流动性不够，以及数字货币的存管还没准备好等。SEC 公布《2021 优先审查事项》，提到将加强关注数字资产合规性等。

2. 欧洲

关于反洗钱领域，其实从监管、行业组织、反洗钱联盟到监管科技研发也是一个产业链。最知名的反洗钱国际组织是 FATF，它在 2019 年 6 月就发布了 INR15，明确对数字资产的监管细节，并给出实施时间表，规定各国应严格执行监管要求。

3. 新加坡

作为交易所的发源地，新加坡对金融科技创新总体持较为友好的态度，因此新加坡汇集了众多交易所的办事处和大量数字资产交易相关业务。这些机构需要向 MAS 提交注册，MAS 的职权是监管金融机构的业务运作和交易等环节。在此背景下，新加坡一直积极探索更有效率、更适应金融创新的合规监管的政策。2019 年，MAS 推出了《支付服务法》，该法案将直接影响众多在新加坡市场中的数字货币交易所、钱包及 OTC（柜台外交易）平台，并将从风控和合规两个方向对相关业务进行全面监管。该法案参考了中国香港地区、澳大利亚及日本等的相关立法，并整合了新加坡现有的《支付系统法案》（PSOA）及《货币兑换及转账服务法案》（MCRBA）。在这一法案下，两条监管框架并行，它们分别是"指定制度"和"牌照制度"。其中，"指定制度"授权 MAS 指定某一大型支付系统以保持经济稳定；或在"一家独大"时指定另一支付系统加入竞争，以杜绝垄断市场的可能性。而"牌照制度"则是为了更好地顺应市场灵活性而设置的监管框架，其中共设有三类牌照，即"货币兑换"牌照、"标准支付机构"牌照和"大型支付机构"牌照。

值得注意的是，该法案的监管范围是所有在新加坡市场有实际运营的相关机构，而不仅限于注册地在新加坡的机构。该法案不仅填补了之前法案存在的漏洞和空缺，更是将新加坡的数字货币相关产业带出了灰色地带。

4. 中国香港地区

香港证券及期货事务监察委员会（SFC）发布《有关虚拟资产期货合约的警告》指出：虚拟资产期货合约下的虚拟资产价格极端波动；营运虚拟资产交易平台可能属违法。SFC 获赋权向进行《证券及期货条例》所界定的"受规管活动"的人士批给牌照。部分平台可能决定不会在新的监管框架下向证监会申领牌照。

14.4.3　数字资产与合规科技

据了解，国际支付机构 VISA 表示，将允许用户使用加密货币在其网络上进行支付结算，该机构已经与支付和加密平台推出了试点计划。这也是主流金融业越来越接受数字货币的最新迹象。

传统金融进入数字资产领域，有两方面的原因：第一，各国各地区都在发展数字资产，监管也在走向完善；第二，数字资产接受度提高，越来越多的大型企业和机构开始进行投资，并将其作为支付结算的工具。加密货币交易存在两个方面的风险：一方面是安全漏洞带来的个人信息泄露、财产损失等风险；另一方面是不受监管/监管难度更大的加密货币极易被用于洗钱或恐怖融资行动等。正因如此，数字资产交易必然会受到监管机构关注。和普通投资者不同，企业和机构更加看重对手方的合规性。

因此，数字资产若想走上合法合规发展的道路，合规科技的介入极其必要，找到一个安全合规的数字资产平台进行交易和托管，可降低企业和机构承担的风险。金融机构进入后，会加速数字资产和传统金融行业的融合，以及数字资产行业合规化的趋势，并降低数字资产的价格波动，使之成为一种储存价值的中介。合规科技可用于进行数字资产的交易记录监控，从而很好地为数字资产交易平台提供合规解决方案，并助力数字货币 ETF 等走向合规。尽管收入和增长是影响银行正常运营和相关业务的关键因素，但发现威胁并根据其采取行动对任何金融机构都至关重要。为了应对日益增多的网络威胁和欺诈，需要智能驱动的法规合规性和欺诈检测工具，以及全方位、多层次的网络安全立场，以便快速且大规模地发现和解决问题，从而满足法规合规性、安全性和业务连续性需求，从而增强客户信任，轻松应对金融风控。

总体来看，数字资产与合规科技发展的机遇与挑战并存。合规科技的优势在于：可以实现监管数据收集、整合和共享的实时性，有效监测金融机构违规操作和高风险交易等潜在问题，满足监管机构的监管需求；提前感知和预测金融风险态势，提升风险预警的能力，降低企业合规成本。与此同时，发展合规科技也面临着一些挑战：第一，发展合规科技可能与企业短期的经营目标相冲突，前期的人力财力投入难以收到立竿见影的效果；第二，不断变化的监管理念和政策的挑战让合规科技可能处于模糊地带，有可能让合规科技本身面临着合规问题。

因此，区块链数字资产作为一种新兴事物，进步大于不利，从合规监管方面要疏堵结合，实现两个目的：一是促进行业中真正优质的区块链项目发展起来，二是让金融洗钱、非法交易、非法内容无处遁形。发展区块链数字资产，那么合规就是唯一的出路，监管是未来的趋势。

14.5　合规科技中的前沿技术

人工智能监控技术已经是现代监控信息科技快速发展的技术核心，将其广泛运用到现代合规监控科技中也将是大势所趋。人工智能金融技术所需要包含的技术内容很多，在进行合规金融监管审查方面目前已经可以被广泛应用的主要智能技术包括机器学习、知识图谱和自然语言处理等，它们在用户数据处理、身份信息识别、合规监管审查、风险综合防控等多个方面可以帮助各类金融机构更高效地快速实现合规监管和金融合规，提升了金融合规的人工智能化应用程度。

14.5.1　人工智能与合规科技

1. 数据处理与分析，优化合规建设

标准化的数据是金融监管实现的基础，但由于这些数据统计维度和口径不一致，金融业务中产生的海量数据在标准、格式、质量等各个方面都难以满足监管部门的要求。随着金融业务的不断创新和监管部门对数据的要求越来越严，金融机构向企业报送的数据和报告大幅度增加，提高了企业处理数据的难度。人工智能技术可以为此类企业提供解决方案，优化金融机构的合规性建设。

首先，通过机器学习解决了大规模数据处理的难题，对文本、图像、音频等非结构化的数据进行了清洗转换，实现了数据的标准化和优质化，使得金融机构既能够更加全面、稳定地向用户报送数据，又能为智慧合规算法提供高质量的数据。其次，通过先进的自然语言处理从数据的语义层面上准确分析交易信息，帮助金融机构挖掘和提炼可疑交易信息，筛选出可疑的交易数据，纠正员工的不当行为，满足实时合规的要求。最后，利用可视化分析技术，将大量复杂的数据以易于理解的方式呈现，核查交易行为是否符合监管政策，帮助金融机构作出决策。

2. 身份识别与管理，防范金融犯罪

KYC 是重要的金融监管和合规机制，特别是在互联网金融科技迅速兴起的大背景下，金融机构更加需要进一步强化对客户的信息披露审查，作好对风险的防控。目前，人工智能技术被广泛应用于支付领域，利用了生物识别和机器学习，可以大幅度地提高支付的精确性、效率和安全性，节约了合规费用。

充分利用语音识别、人脸识别、指纹识别等技术，提高了客户的身份识别效率，帮助金融机构合规部门释放一些繁重、严峻而又重复的合规工作，降低了传统 KYC 过程中所产生的大量人力成本和时间费用。充分利用知识图谱技术，绘制企业的资金流往情况，识别潜在的财务造假风险，帮助企业和金融机构准确评估公司的风险；利用机器学习算法对客户进行多维画像并预测其行为，从而有效地对可疑的客户、可疑的交易行为进行预警和阻止。充分利用机器学习技术，在 KYC 的基础上建立模型，通过不断持续的模型培训，提高模型识别率，最终实现无监督的人工智能自学习识别模型，自主对金融犯罪的风险、客户行为的风险等进行监控和分析，以有效防范洗钱、诈骗等各类金融犯罪活动。

3. 合规审查与评估，降低合规成本

传统监管合规更多地依赖于人工核查，金融机构需要定时向投资者报送大量的监管信息和合规报告，随着监管法律和规章条文的增加，使用专门的合规人员成本上升，利用人工智能技术可以替代部分监管合规的岗位，提高了合规的效率。

一方面，利用先进的自然语言处理技术，把监管规则数字化让机器人可以识别，提高了规则的一致性和合规度。结合机器学习技术和迭代更新算法大大提高了机器翻译人类语言的精度和准确性，可以实时监测和跟踪法规的动态，帮助金融机构有效地进行合规审查。通过对不同国家和地区监管法律规定的差异进行比较，帮助金融机构在跨境业务中合规发展。另一方面，探索了智能化的报告监测技术，实时、连续、动态地监测交易数据，通过抓取、分析这些数据自动形成合规报表，上传到实时的监测平台。

4. 风险预警与测试，提高预判能力

人工智能通过构建违规信息发现模型和风险预警模型，有效地监测金融机构的内部和外部风险。一是充分运用模糊推理技术和案例推理工具，学习以往的案例和当前监管法规，进行全局化的分析计算，及时地提醒各金融机构调整操作以确保合规。二是通过利用机器学习等方法构建具有流动性衡量功能和风险预警的网络模型，选择更合适的风险指标来衡量流动性情况，辅助金融机构作出决策。三是利用人工智能技术对金融压力进行测试，对市场上可能出现的风险因素进行了预警，增强对金融机构风险管理的能力，控制金融风险的影响范围。

5. 人工智能应用的挑战与风险

人工智能通过应用算法、数据分析，帮助金融机构准确判断和预测产品、业务、客户及市场风险，最终实现了机器的自动化、自主性决策。但是目前的人工智能仅仅具备初步的学习能力，离算法层面的强人工智能还有很大的差距。人工智能在合规科技的推广应用中也面临着瓶颈，存有诸多的风险因素。

一是算法决策的限制。首先，人工智能对于已有的案例和数据可以进行快速响应并执行预定的方案，但是当一个人工智能遇到前所未有的案例和数据时，可能会导致无法作出令任何人感到满意的判断和决策。其次，基于大数据推理的决策并不一定具有连续性，人工智能在面对个案时也许可能会导致模型与现实之间的偏差很大，因为新偏差可能随着一些重大的错误出现而无法得到收敛，需要不断地弥补和改进模型中存在的问题。

二是缺少配套的系统支撑。虽然近几年监管部门和机构都在积极推动风险防控系统的建设，但是信息资源共享尚未得到完全落实，制约了金融合规技术的进一步发展，提高整个金融体系的合规智能化水平仍然需要一套系统性的技术支撑。

三是数据信息的质量和安全性问题。首先，人工智能技术依赖于金融和大数据，但是在信息的获取及其应用领域、是否涉及商业秘密、客户个人信息等方面都存在着与数据互信的问题，这些都需要进一步的规范和保证。金融机构和其他金融科技企业的数据积累也可能会直接导致管理费用成本的上升，数据安全隐患更突出。其次，越先进的算法越是需要大量的数据来作支持，但是目前由于信息未必能够实现数据共享，金融机构仍然需要第三方机构的技术支持，以获取其他渠道的数据。由于金融机构的数据信息来源及其使用目标不一，其结构、质量都不同，即便是应用了人工智能技术进行数据处理也是一个烦琐复杂的过程，智能化合规将会面临更多的问题。

四是责任确认的法律风险。合规专员作为合规审查工作的实施者，需要承担相应的法律责任。将人工智能技术引入到合规工作中后，如果在过程中出现了审核上的失误，追责对象就难以得到确认，存在着违反法律的风险。

14.5.2 大数据与合规科技

金融业务的向跨界与行业融合发展、交易客户资金的跨行业间流转、智能数据分析的技术重要性和理论基础等诸多问题，催生了政府搭建金融监管部门大数据分析平台的紧迫性和需求，以便于政府支持各类金融机构有效地对交易客户和金融交易者的数据信息进行实时报送、分析，促进守法合规金融科技的快速发展。

从宏观看，该平台主要通过网络连接金融监管层、金融机构、行业服务协会和广大消费者，提供具体数据相联互通、文件传输、信息分析抓取、数据解析分发等信息服务，结合金融监管部门机构的依法合规管理要求，制定了统一的具体数据分析标准和信息报送操作规范，最终设计产生了金融监管部门根据需要向社会发布的具体数据分析报告和报送相应的数据报表。平台机构应该能够具备平台数据综合计算和技术分析的综合能力，金融机构应该能够通过平台指标数据分析以及结果应用来实时监测异常的平台交易和及时判断平台风险的分散水平。对金融监管部门而言，也就是我们可以基于各类金融机构近期报送的各种数据来源进行信息分析与综合计算，进行金融风险主动识别与跟风预警，真正完全实现信息穿透式的风险监管。

从微观看，通过大数据进行社会用户画像的抓取以及对各主体的细致分析和研究，对掌握各用户特征、有针对性地进行金融风险防范有积极意义和作用。通过将该数据平台与国家多个系统的金融数据中心进行了实时对接，可以大大提高国家金融监管相关部门对各类金融犯罪活动的跟踪调查和监督处理工作效率，能够更自如地应对合规风险和监管要求。

14.5.3 云计算与合规科技

云计算（Cloud Computing）是分布式计算的一种，指的是通过网络云将巨大的数据计算处理程序分解成无数个小程序，然后通过多部服务器组成的系统来处理和分析这些小程序，得到结果后返回给用户。云计算在早期就是简单的分布式计算，解决任务分发，并进行计算结果的合并。因而，云计算又称为网格计算。通过这项技术，可以在很短的时间（几秒）内完成对数以万计数据的处理，从而实现强大的网络服务。

云计算的合规性可以确保云计算服务满足用户的合规性要求。为确保云计算的合规性，需考虑的因素包括数据、资产管理、系统和数据访问控制、配置管理、数据加密、共享或私有资源等。

凭借云计算的强大数据分析引擎、跨中心数据存储、共享中心，从而打造云应用市场，这为合规科技的发展提供了技术的系统性支持，完善了合规科技的底层逻辑，使合规科技向规模化、体系化的发展更进一步。

14.5.4　物联网与合规科技

物联网的中心点是"万物互联"。作为互联网的延伸和扩展，物联网将各种信息传感设备和网络连接起来，形成了一张巨大的无形网络，使得信息可以在任意时间、任意地点、任意对象间互联互通。物联网是新一代信息技术的重要组成部分，目前应用范围很广，涵盖了环境、交通、工业、农业等诸多领域，推动了各行各业的智能化转型与发展。其中比较值得一提的是在金融领域，物联网可以将物理世界数字化，这正好契合了金融行业的发展需求。物联网对金融机构的产业链数据采集起到了极大的助力作用，如帮助尽职调查、查看担保抵押物、管理贷后风险等；同时还能实现金融机构内部物品的科学智能管理，减少人工操作。物联网有助于金融机构获取客户真实的业务状态，尽量避免信息不对称情况的发生，便于进行全流程监控管理，实现数据追踪，避免物流盲点，为中小企业融资提供保障，维护投资者的合法权益。物联网的以上特性正好与合规科技的设计理念相同，所以可以说物联网具有强化内控合规的属性，因而可以成为合规技术的一部分。目前二者均具有广阔的发展前景，并且应用场景多，应用范围广，也得到了世界各国的认可，具有政策支持这一显著优势，相信二者在企业实际运用中必能相互促进，共同致力于监管体系建设。

14.5.5　区块链与合规科技

区块链技术主要具有四大典型特征。一是去中心化，即区块链技术采取分布式核算和存储，不依赖第三方管理机构，不存在中心化管制，在区块链中任何参与者都是一个节点，每个节点权限对等。二是开放性，即区块链的技术基础是开源的，除了交易各方的私有信息被加密，区块链的数据对所有人均是公开的，整个系统信息高度透明。三是自动化，即区块链基于协商一致的规范和协议，整个系统可在不依赖第三方的情况下，自动安全地验证和交换数据。四是匿名性，即所有节点能够在去信任的环境下自动运行，各区块节点的身份信息无须公开或验证，信息可以匿名传递。合规科技的特点主要定位在合规上，然而实现合规的途径有很多，作为一种尚未被完全普及、尚处于法律法规模糊地带的技术，要想赢得金融机构和投资者的普遍信任，要下一番功夫。不过，区块链技术的飞速发展使得这一问题得到了解决。区块链的这些特性正好缓解了合规科技面临的困境，减少了外部质疑。区块链可以为合规科技的使用提供一个公开透明的技术基础，使得其在使用时可实现监管的实时、透明、真实、穿透、整合，有了这层技术保障，合规科技的发展也将更加迅速，必能助力更多行业发展，帮助金融领域焕发出新的生机。

【小结】

本章主要对合规科技展开探讨，分别介绍了合规科技的发展背景、概念界定、合规方法、发展前景、应用与产品化等多个方面。目前，合规科技在国内外应用广泛，总结不同政治、经济、文化背景下各国的使用特点与应用经验，有助于合规科技的不断完善，使其更好地服务于金融监管体系。现今，数字资产的金融合规监管成为热议话题，且已发展为世界主流趋势，本章梳理了有关政策，并对其发展意义展开分析。合规科技中涉及大量前沿技术，如人工智能、大数据、云计算、物联网、区块链等，这些技术将为合规科技的发展提供重要保障，进一步持续推动金融领域稳健、有序发展。

【习题】

1. 合规科技的概念如何界定？
2. 通过学习了解国际合规科技发展进程，我们可以从中得到哪些经验？
3. 如何实现合规科技的产品化？有哪些具体应用？
4. 数字资产监管面临哪些难题？
5. 合规科技中的前沿技术包括哪些？它们是如何与合规科技配合使用的？

参考文献

［1］李玮. 区块链技术应用于统计调查的思考［N］. 中国信息报，2020-02-18（7）.

［2］赵金旭，孟天广. 区块链时代的国家、政府与我们［J］. 中国中小企业，2019（12）:26-29.

［3］黄达. 金融学［M］. 3版. 北京：中国人民大学出版社，2012.

［4］孙国峰. 货币创造的逻辑形成和历史演进：对传统货币理论的批判［J］. 经济研究，2019,54（4）: 182-198.

［5］孙国峰. 信用货币制度下的货币创造和银行运行［J］. 经济研究，2001（2）:29-37，85.

［6］姚前. 关于全球央行数字货币实验的若干认识与思考［J］. 清华金融评论，2021（3）: 16-19.

［7］姚前. 数字货币的前世与今生［J］. 中国法律评论，2018（6）:169-176.

［8］姚前，汤莹玮. 关于央行法定数字货币的若干思考［J］. 金融研究，2017（7）:78-85.

［9］刘向民. 央行发行数字货币的法律问题［J］. 中国金融，2016（17）:17-19.

［10］姚前. 中央银行数字货币原型系统实验研究［J］. 软件学报，2018，29（9）: 2716-2732.

［11］于佳宁，毛晓君. 互相赋能，5G与区块链共同改变数字经济［J］. 中国电信业，2019（12）: 20-22.

［12］井底望天，武源文，赵国栋，等. 区块链与大数据：打造智能经济［M］. 北京:人民邮电出版 社，2017.

［13］孔剑平，曹寅，杨辉辉，等. 产业区块链：行业解决方案与案例分析［M］. 北京:机械工业出 版社，2020.

［14］王璞巍，杨航天，孟佶，等. 面向合同的智能合约的形式化定义及参考实现.［J］. 软件学报， 2019，30（9）: 2608-2619.